建筑钢笔手绘表现

/ The Hand-drawing Expression for Architecture with Fountain Pen

21 世纪全国普通高等院校美术·艺术设计专业“十三五”精品课程规划教材

The“13th Five-Year Plan”Excellent Curriculum Textbooks for the Major of

Fine Arts and Art Design

in National Colleges and Universities in the 21st Century

著 李明同 杨 明

辽宁美术出版社

Liaoning Fine Arts Publishing House

图书在版编目（CIP）数据

建筑钢笔手绘表现 / 李明同，杨明著. — 沈阳 ：辽宁美术出版社，2020.8

21世纪全国普通高等院校美术·艺术设计专业“十三五”精品课程规划教材

ISBN 978-7-5314-8429-5

Ⅰ. ①建… Ⅱ. ①李… ②杨… Ⅲ. ①建筑画－钢笔画－绘画技法－高等学校－教材 Ⅳ. ①TU204.111

中国版本图书馆CIP数据核字（2020）第045461号

出版发行　辽宁美术出版社
经　　销　全国新华书店
地　　址　沈阳市和平区民族北街29号　邮编：110001
邮　　箱　lnmscbs@163.com
网　　址　http://www.lnmscbs.cn
电　　话　024-23404603
封面设计　彭伟哲　王　楠　孙雨薇
版式设计　彭伟哲　薛冰焰　吴　烨　高　桐

印制总监
徐　杰　霍　磊

印　　刷
沈阳奇兴彩色广告印刷有限公司

责任编辑　彭伟哲
责任校对　郝　刚
版　　次　2020年8月第1版　2020年8月第1次印刷
开　　本　889mm×1194mm　1/16
印　　张　8
字　　数　120千字
书　　号　ISBN 978-7-5314-8429-5
定　　价　45.00元

图书如有印装质量问题请与出版部联系调换
出版部电话　024-23835227

序 >>

「 当我们把美术院校所进行的美术教育当作当代文化景观的一部分时，就不难发现，美术教育如果也能呈现或继续保持良性发展的话，则非要"约束"和"开放"并行不可。所谓约束，指的是从经典出发再造经典，而不是一味地兼收并蓄；开放，则意味着学习研究所必须具备的眼界和姿态。这看似矛盾的两面，其实一起推动着我们的美术教育向着良性和深入演化发展。这里，我们所说的美术教育其实有两个方面的含义：其一，技能的承袭和创造，这可以说是我国现有的教育体制和教学内容的主要部分；其二，则是建立在美学意义上对所谓艺术人生的把握和度量，在学习艺术的规律性技能的同时获得思维的解放，在思维解放的同时求得空前的创造力。由于众所周知的原因，我们的教育往往以前者为主，这并没有错，只是我们更需要做的一方面是将技能性课程进行系统化、当代化的转换；另一方面，需要将艺术思维、设计理念等这些由"虚"而"实"体现艺术教育的精髓的东西，融入我们的日常教学和艺术体验之中。

在本套丛书出版以前，出于对美术教育和学生负责的考虑，我们做了一些调查，从中发现，那些内容简单、资料匮乏的图书与少量新颖但专业却难成系统的图书共同占据了学生的阅读视野。而且有意思的是，同一个教师在同一个专业所上的同一门课中，所选用的教材也是五花八门、良莠不齐，由于教师的教学意图难以通过书面教材得以彻底贯彻，因而直接影响到教学质量。

学生的审美和艺术观还没有成熟，再加上缺少统一的专业教材引导，上述情况就很难避免。正是在这个背景下，我们在坚持遵循中国传统基础教育与内涵和训练好扎实绘画（当然也包括设计、摄影）基本功的同时，向国外先进国家学习借鉴科学并且灵活的教学方法、教学理念以及对专业学科深入而精微的研究态度，辽宁美术出版社同全国各院校组织专家学者和富有教学经验的精英教师联合编撰出版了《21世纪全国普通高等院校美术·艺术设计专业"十三五"精品课程规划教材》。教材是无度当中的"度"，也是各位专家多年艺术实践和教学经验所凝聚而成的"闪光点"，从这个"点"出发，相信受益者可以到达他们想要抵达的地方。规范性、专业性、前瞻性的教材能起到指路的作用，能使使用者不浪费精力，直取所需要的艺术核心。从这个意义上说，这套教材在国内还是具有填补空白的意义。

21世纪全国普通高等院校美术·艺术设计专业"十三五"精品课程规划教材编委会 」

前言 >>

「 这是一本研究人物运动的书。人作为最高级的生命体，它的运动方式与形式是最复杂多样的，如何掌握人物的运动正是本书所谈的核心内容。

掌握，包括认识、分析、表现。认识人物运动，不是普通的观察，是要了解运动的特点以及对不同运动进行区分；分析人物运动，不是常规的分析，是要对各种复杂的运动形式和规律进行深入解析；表现人物运动，不是传统的表现，是一种全新的对于人物运动的概括与刻画。

这里之所以对“掌握”进行自我系统内的解释，是因为真正做到掌握并不容易，也权当是自己的一点心得体会，其中很多观点的建立与方法的总结是多年实践和教学的经验之谈，对于动漫专业和美术专业而言应该会有一定的借鉴作用。

动漫专业特别需要掌握人物运动，运动之美正是动画具有极强视觉性的最大特点，动画中角色的表演与运动正是通过一张一张“会动的画面”呈现出来，运动从某种程度上可以说是属于动画的本体论范畴，当然一部好看的动画离不开剧作、造型、场景、剪辑、渲染等诸多方面的因素，但这所有的一切都离不开运动，都是通过角色的运动体现出来。而漫画中运动更多地体现在具有动态效果与人物姿态的画面上，很多时候一部好看的漫画要是没有出色的运动表现，再好的情节和故事表现都会显得苍白无力。因此，对于运动的理解与掌握，正是动漫专业中比较重要的环节，本书正是针对动漫专业的特点，在基础层面对人物运动进行详细的解析。

本书共分七个章节，从人物运动的不同层面、不同角度分别进行了详细的讲解，配有近400张图例，其中连续运动的图例说明全部来自课堂上的示范以及学生作业，避免了使用现成图片进行讲解造成的生硬感，原创的图例更加生动多样；同时通过图例的使用，能够更加直观有效地让大家了解运动。

观察—发现—认识—分析—理解—表现—创造，本书将以这样一个脉络和理念，对人物运动进行解析，希望通过本书的讲述，给大家展现一个人物运动的美学系统，也希望能够在技法表现层面给大家一些借鉴和帮助，能够更加有效地“掌握”人物运动。 」

前言
preface

手绘表现是高等院校建筑学专业、艺术设计专业、城市规划及风景园林专业必不可少的一门专业基础课。作为一名优秀的设计师，手绘表现又是一种必须掌握的绘画语言，设计师如果没有好的绘画基本功，就不可能画出好的构思草图，就不可能完整地表达出自己的设计理念。如果他的知识和技能非常全面，那么毫无疑问，他的设计将更加出色。

我们知道艺术来源于生活，而生活本身就是一门最伟大、最真实的艺术。只有亲身体验生活，从生活中获取素材，寻找灵感，才能创作出会呼吸的艺术作品。而写生就是一种最容易将作者引入大自然的媒介，设计师通过对建筑的写生训练，可以了解建筑的形态结构、造型比例、材料色彩以及建筑与周围环境的关系，使设计师的感受认识得到升华，从而获取更多的建筑创作素材。对于从事建筑与艺术方面的设计师而言，钢笔手绘又是最为理想的表现形式，它方便快捷，有利于方案的构思、推敲和深化，同时能够潜移默化地提高设计师的审美水平以及造型能力。

本书是作者依据全国高等院校建筑与艺术设计专业的教学内容，针对建筑学、景观设计、城市规划等艺术设计专业的特点，并根据主编和社会建筑艺术领域专家的意见，图文并茂地介绍了建筑钢笔手绘的方法与步骤，以及建筑钢笔手绘对建筑空间环境设计所起的重要作用。不同于其他同类专业书的是本书针对建筑钢笔手绘表现形式与内容进行了深入的研究，比如线的表现、线面表现、光影表现，对于线的表现，作者还把中国画的用线、运笔应用到建筑钢笔手绘“线”的表现形式上，形成了独特的语言特征，正是因为这一点，书中的作品表现出独具魅力的个性化艺术风格和语言形态。

这本书是作者在此前出的《建筑风景钢笔速写技法与应用》一书基础上进行系统的总结与更深入的研究，增添了许多内容，可以帮助建筑学、艺术设计的同学开阔视野，掌握钢笔表现的技巧和方法，提高他们的动手能力和艺术鉴赏能力。

这本书在写作过程中得到黄力炯、张芸等朋友的鼎力支持，在此表示感谢。由于本人水平有限，真诚希望能够得到专家及广大读者的批评与指正。

李明同

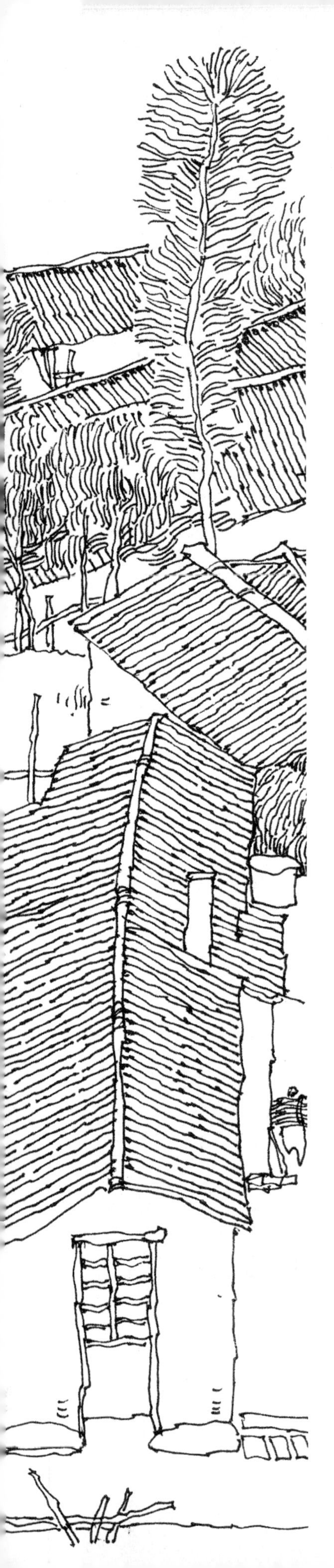

目录
contents

1
第一章　概论

MAKE
POVERTY
HISTORY
MAKE
POVERTY
HISTORY
com.au
melbourne

澳大利亚凯恩斯

第一章 概论

第一节 建筑钢笔手绘的基本概念及分类

一、建筑钢笔手绘的基本概念

钢笔手绘是颇具丰富表现力的一种手绘形式，它既具有铅笔素描多层次排线的表现性能，又具有中国画毛笔白描单线的表现性能，甚至还具有黑白版画、装饰插画的表现特点。它不仅是造型艺术的一个绘画种类，更是一种独立的艺术语言。一幅好的钢笔手绘就是一幅完美的艺术作品，它流畅的线条、洒脱的笔法，既有铅笔排线的细腻隽永，又有毛笔粗放的抑扬顿挫，从而给人以美的享受，引起受众的情感共鸣。

在西方像达·芬奇、米开朗琪罗、拉斐尔都留下了许多钢笔手绘稿，虽然在当时没能成为一种独立的艺术形式，却为日后他们的创作积累了丰富的生活素材。我们从巨人走过的艺术大道上更能感受到钢笔手绘的魅力所在。

建筑钢笔手绘就是以建筑环境为表现对象，以钢笔为作画工具，通过手绘了解建筑的形态结构、造型比例、材料色彩以及建筑与周围环境的关系等，使设计师的感受认识得到升华，从而为建筑设计获取更多的创作素材。建筑钢笔手绘表现与建筑马克笔、毛笔、色粉笔、油画棒、铅笔等手绘表现不同，它有着作画工具简单、方便、快捷的特点，更有利于设计方案的构思、推敲和深化，同时能够潜移默化地提高建筑设计师的审美水平以及造型能力。

二、建筑钢笔手绘的分类

建筑手绘表现因所采用的工具不同，可分为建筑铅笔手绘、建筑钢笔手绘、建筑马克笔手绘、建筑毛笔手绘等多种由绘画工具区分的表现形式。建筑铅笔手绘包括：铅笔、炭铅笔、彩色铅笔等；建筑的钢笔手绘包括：普通钢笔、美工笔、针管笔、蘸水钢笔、中性笔等；建筑的马克笔手绘包括：油性马克笔、水性马克笔等；建筑毛笔手绘包括：毛笔、油画笔、水粉笔、水彩笔等。不同的工具有着不同的表现方法和技巧，也体现作品不同的绘画语言以及不同的风格和情调，在这里不再逐一赘述。

第二节　建筑钢笔手绘的作用及意义

一、建筑钢笔手绘的作用

21世纪设计手绘风愈演愈烈的趋势告诉我们，手绘在艺术设计表现上的至关重要，它是艺术家在一个特定的时间、地点及个人思绪做背景的前提下，用简练的绘画语言表达出来的一种设计思想和理念，它是设计师的一种灵感的闪现，是作品的生命，体现了设计师的思想情感，所以更能够引起受众者的情感共鸣。

我们知道艺术来源于生活，而生活本身就是一门伟大、真实的艺术。只有亲身体验生活，从生活中获取素材、寻找灵感，才能创作出会呼吸的艺术作品。而写生就是一种最容易将作者引入大自然的媒介，它培养你的观察能力，提高你对物象的概括表达能力，更加深你对生活中美丑的认知水平，记录下生活的点滴，找到你独一无二的灵感，让你的心灵得到净化。设计师通过对建筑的写生训练，可以了解建筑的形态结构、造型比例、材料色彩以及建筑与周围环境的关系，使设计师的感受认识得到升华，从而获取更多的建筑创作素材。

对于从事建筑与艺术方面的设计师而言，钢笔手绘又是最为理想的表现形式，它方便快捷，有利于方案的构思、推敲和深化，同时能够潜移默化地提高设计师的审美水平以及造型能力。如果每一个建筑设计师都能够在闲暇之际，用简单的钢笔速写方式记录身边的建筑，哪怕是建筑上的一片瓦、一扇窗，就会像日记一样，随时翻阅，随时给你设计启示。

建筑钢笔手绘所用工具简单，表达方式直观，场合不受限制，更是提供我们平时创作的最大方便性。在设计过程中，设计师要付出他的所有能力，包括丰富的想象能力、熟练的形象表达能力、设计理念知识、综合设计能力与技术等。所有知识和技能在运用时并不是孤立的，而是相互联系的，并在设计师的头脑内同时发挥作用的。"只要功夫深，铁杵磨成针"。脑越用越灵，手越练越巧就是这个道理。作为一名设计师、艺术家，只有通过不断的训练，才能提高自身的艺术修养，才能够将感性用理性的方式表达出来，才能够创作出更高一层的艺术作品。

二、建筑钢笔手绘的意义

钢笔手绘对于设计师而言具有重要意义，它可以从生活的实际场景中记录设计元素。比如建筑设计的构造

▼建筑的钢笔手绘包括：普通钢笔、美工笔、针管笔、蘸水钢笔、中性笔等。

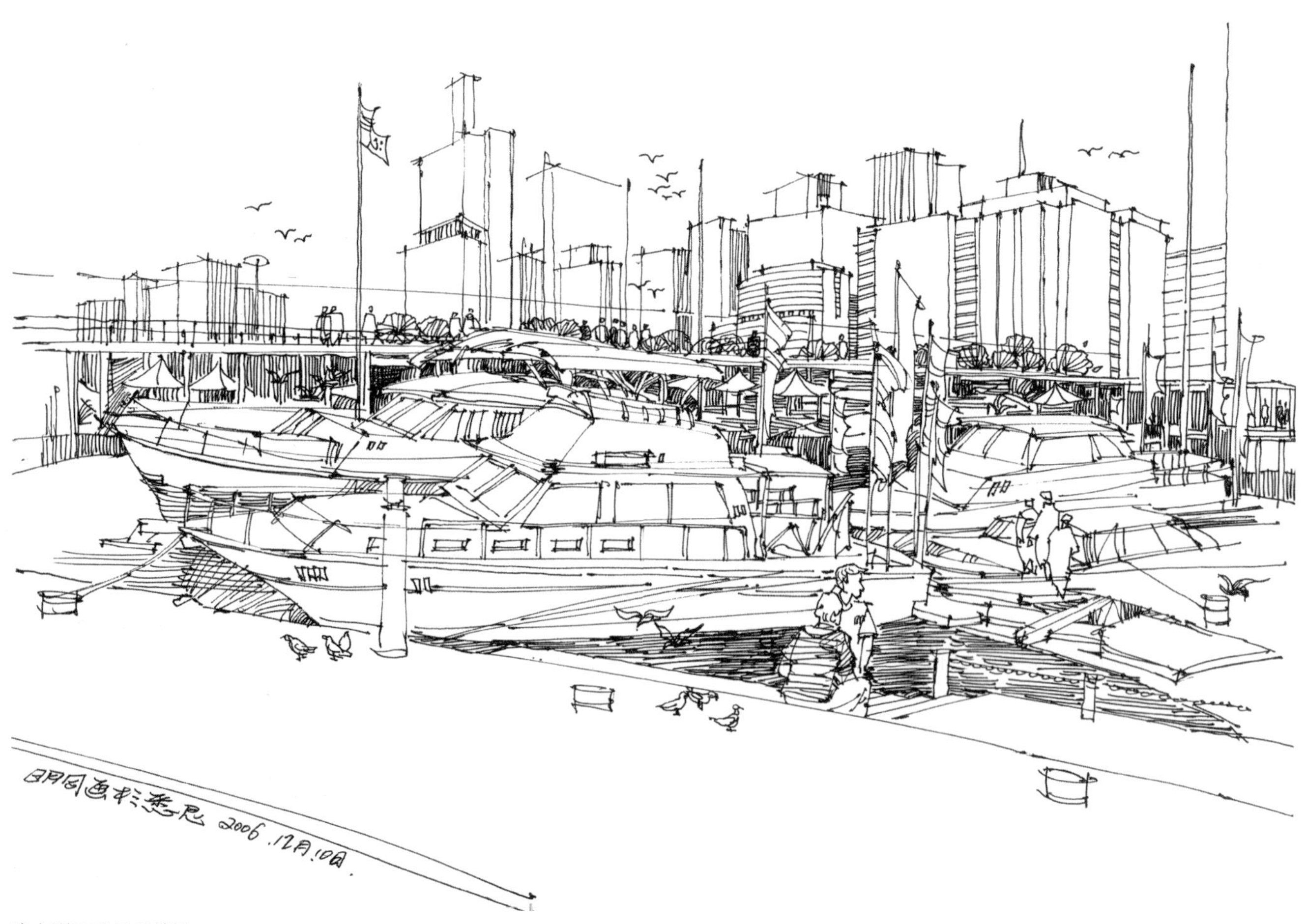

澳大利亚悉尼爱情港

澳大利亚悉尼爱情港

形式及节点、景观设计的构造形式及节点、规划设计的布局及节点、室内设计的构造形式及节点等，这些都离不开手绘。

建筑钢笔手绘具有很强的功能性，即直观性、说明性、快捷性。它除了直观表达实际场景外，还能训练设计师敏锐的思维能力、造型能力和想象能力。经常画钢笔手绘，可以从现实生活中获取灵感，使设计师头脑思维活跃，提高默写能力，随时勾勒出不同的建筑创意构思方案。“熟读唐诗三百首，不会作诗也会吟。”“见多方识广，耳熟即能详。”只有平时练就扎实的手头功夫，才能够随时动手展开创意思维。

优秀的建筑钢笔手绘作品能向观众传达建筑艺术的构造形式和时代特征，体现建筑的精神，无论是气势恢弘、行云流水的笔法，还是简单细腻的线条，都能够将你带到无限深邃的意境中去，得到美的享受，让你沉湎于建筑艺术的国度。我国著名建筑学家梁思成、吴良镛、齐康、钟训正，瑞士建筑大师勒·柯布西耶等，都给我们做了典范，他们留下的许多建筑钢笔手稿都被世人称为经典之作。

总之，钢笔手绘表现对建筑设计、景观设计、规划设计、室内设计等专业设计创作的构思与表达有着重要的意义，是电脑设计不可替代的，就像照相机发明几百年来不可能取代绘画一样。如果掌握这一简单而实用的表现手段，就能更好地表达出我们的设计思想，使设计更加完美。

第三节　建筑钢笔手绘的工具及材料

一、建筑钢笔手绘的工具

作为艺术设计、建筑、城市规划等专业，设计手绘的工具应以简便为主，为了及时捕捉美好的瞬间，把创作灵感迅速记录下来，就需要快捷的工具，钢笔无疑是理想的工具之一。如今画家和建筑师同样也把钢笔作为创作、收集素材、表达构思、效果表达、制图绘图等的主要工具，中世纪以后，西方画家已经熟练地运用钢笔这种绘画工具。如伦布朗、丢勒、门采尔、莫奈、凡·高等著名绘画大师都有许多精美的硬笔绘画作品传世，都是我们学习钢笔绘画的范例。

很多人也喜欢用铅笔作画，因它有软硬之分，笔迹可深可浅，有反光，线条可粗可细，笔记流畅，还可画出丰富的明暗变化和对比强烈的块面，可用橡皮更改，初学者可进行尝试。但是铅笔速写有一个很大的缺点就是不宜保存，对于铅笔作画的效果，钢笔同样不逊色，

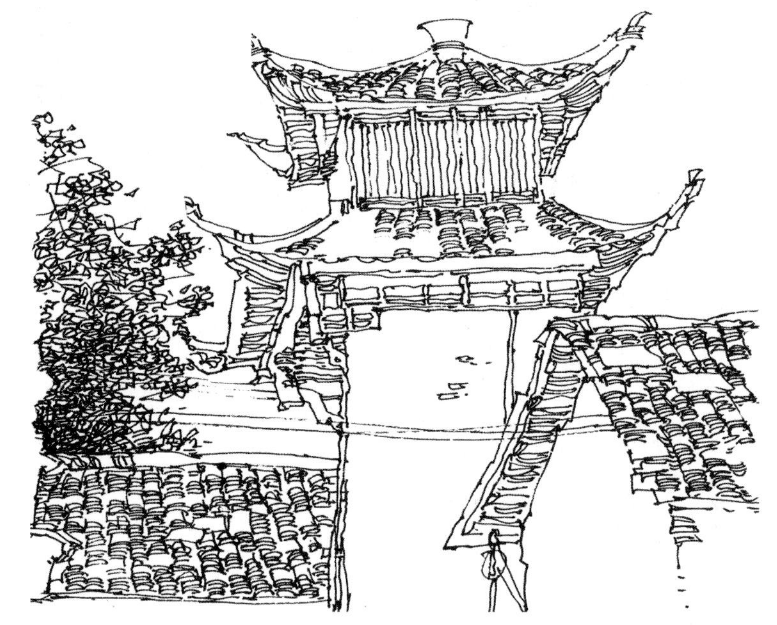

▲ 普通钢笔与蘸水钢笔线条流畅而挺拔，均匀且富有弹性，美中不足是缺少变化。

对线条的叠加只要把握得好，同样可以画出强烈而明快的效果。用钢笔作画，线条不宜擦改，因此下笔前要胸有成竹，更能够培养意在笔先、下笔果断的好习惯。“工欲善其事，必先利其器。”只有了解和掌握各种绘画工具的特性，扬长避短，才能得心应手，百战不殆。

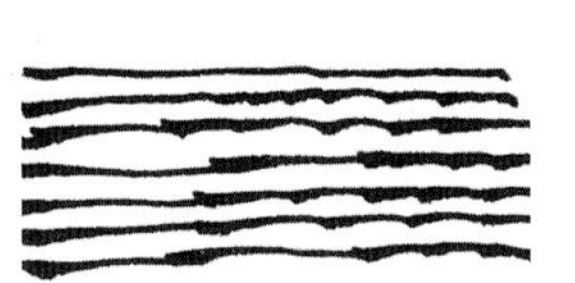

▲ 美工笔是把笔尖加工成弯曲状的笔，由于笔尖可粗可细，线条可根据对象不同而粗细不一，因而线条变化丰富。笔法变化较多，有侧锋、逆锋、中锋等多种。美工笔的笔法更接近毛笔的笔法，适合画乡村风景速写。

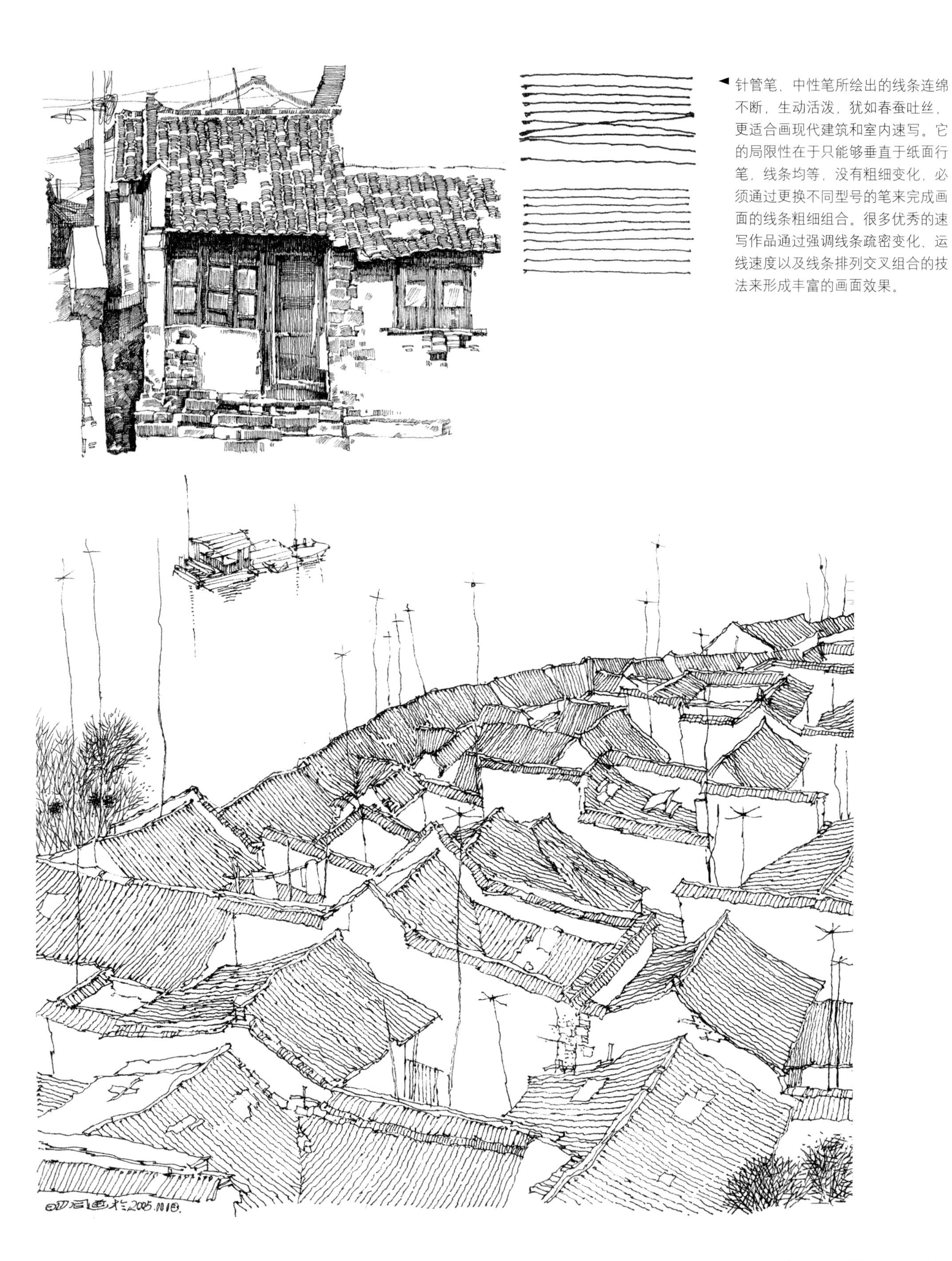

◀针管笔、中性笔所绘出的线条连绵不断，生动活泼，犹如春蚕吐丝，更适合画现代建筑和室内速写。它的局限性在于只能够垂直于纸面行笔，线条均等，没有粗细变化，必须通过更换不同型号的笔来完成画面的线条粗细组合。很多优秀的速写作品通过强调线条疏密变化、运线速度以及线条排列交叉组合的技法来形成丰富的画面效果。

二、建筑钢笔手绘的材料

钢笔画所选用的纸张种类很多，应根据自己的绘画风格和喜好选择适合自己作品的纸张类型。应花工夫体会每一种纸的特性，尝试不同质感的纸带来的不同表现效果，这也是创作、写生的一部分。纸张表面的粗糙度会影响线条的质量，对于钢笔绘画适宜用不渗水的纸，如素描纸、速写纸、绘图纸、图画纸、铜版纸、卡纸、复印纸、毛边纸、透明纸等。不同的纸张因质地纹理不同，可产生不同的画面效果。根据自己的习惯选用适合自己的纸张，另外，辅助工具有橡皮、小刀等。钢笔手绘所需工具要求简单，主要在于绘画者是将手、眼、脑有机结合，提高自己的造型能力，才能抒发自己的真实感受。

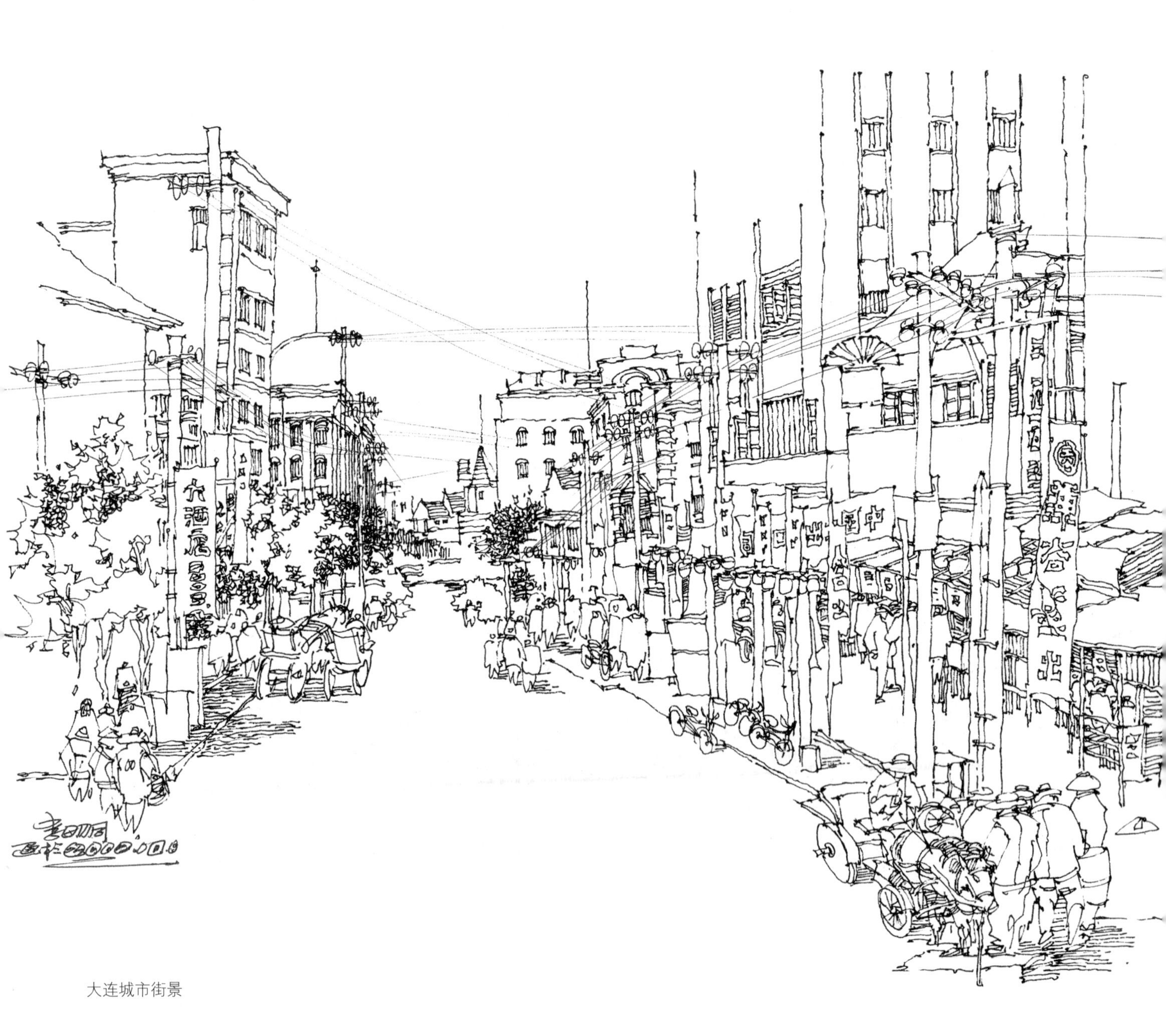

大连城市街景

2
第二章　建筑钢笔手绘的基本技法

第二章　建筑钢笔手绘的基本技法

第一节　点、线、面的特点及运用

一、特点

艺术来源于生活，生活又都是由无数有形或无形的点、线、面组成。任何一种绘画艺术形式都离不开点、线、面的运用，而建筑钢笔手绘所要求的准确、快速的表达形式更需要借助点、线、面的不同组合来传达画家的情感。因此需要对它们进行了解，做到知己知彼。

首先得从点的概念上谈起，点构成线、线构成面。我认为点、线、面是一体，都是几何学中的定义，都是由形状表示出来。西方艺术家认为：点、线是存在和运动的形象化，存在和运动是点、线的本质与内涵。在美学中它的实质意义是想象中的、抽象的、概念性，是相对的。可以这样理解它的定义：点，只有位置没有大小；线，点运动的轨迹；面，线运动的轨迹。在艺术作品中，我们所描绘的物象，实质上是点、线、面在画面"空间中"运动的结果是视知觉的产物，是可感知的，在你观察客观对象时，首先要明确你所要表达的主题对象是什么，然后利用点、线的疏密、长短的变化来表现空间和距离，以疏线衬托密线，以长线概括全体，以短线刻画局部，从而达到客观形象的体现、存在及其运动，又能深刻地反映客观物象及其运动的本质与内涵。

点在建筑钢笔手绘中多用来表现蓬松或外表粗糙的物体，也作为一种辅助的形式布置在画面需要的位置，以达到丰富画面效果的作用。点主要有圆点、方点、横点、竖点、不规则点。熟练掌握点的绘画技巧，能够使画面更加精细，耐人寻味。但要注意不可盲目无章法，乱点一气，而要与整体画面协调一致。

我个人认为点有三个功能："点"的第一个功能是可以激活画面。如在一页空白纸上，你所看到的空间是无法想象的，是虚幻的、缥缈的，如果在纸上画上一个点后，这张空白纸就被激活了，这个点在纸上的位

沂蒙小景

沂蒙小景

置变化会产生不同的运动感、方向感、空间感和意境。空白墙上的一幅挂画相当于是一个点，就会激活整个墙面，从而产生意境（意境是设计创作的最高境界，是由物质意识上升到精神意识）。点的第二个功能是可以使画面产生节奏感、运动感、韵律感。这主要表现在作品中点、线、面的疏密关系上，它们各自表演着不同的角色，少了任何其中一个因素，画面就会显得不完整，显得空洞无力。点的第三个功能是它所固有的情感。我们知道点有形状，不同的形状会产生不同的情感，每个人对点的理解也各有不同，正是因为这一点，读者观赏作品时所看到的画面中的点的理解也就有所不同，正如国画家画完写意泼墨画后往画上洒一些墨点一样，这也是作者对"点"的使用，对"点"所表达的情感理解。在我看来，作画者可能是感觉这样是一种肌理，是一种美，是画面构图、意境的需要。

线条是绘画艺术重要的绘画语言和表现形式，是造型艺术不可或缺的要素之一。线条在艺术史上历史悠久，无论是东方的白描，还是西方的壁画，都是线的完美组合，它是一种感情丰富的绘画表现形式。中国古代绘画创造性地丰富了线的变化，"十八描"是古人在描写各种不同质感、量感而归纳提炼的线的表现方法，对现代绘画产生了深远的影响。现代设计教育理念的德国公立包豪斯（Bauhaus，1919年4月1日至1933年7月）学院在基础教育课里，就将"线"作为独立的视觉要素进行研究，作为衡量学生创造力、表现力高低的方法之一。这说明对"线"的掌控能力是提高设计师水平的一个重要方式。

不管是画家还是设计师，在写生、创作、收集素材时都必须具备手绘线条图的能力，它能帮助我们传达思想和理念。首先，线条能够反映所绘物象的基本形态。其次，通过线条错落有序的组合能够构架出不同类型的画面结构。最后，线条自身粗细曲折的变化能够传达作者的感情。线的抑扬顿挫、轻重缓急、长短曲直、浓淡干湿、强弱虚实等无不表达着作者的激情，线的松紧疏密、长短快慢所形成的节奏构成了画面的韵律，从而产生了强烈的艺术感染力。线是连接作者与观众的桥梁，是连接艺术与生活的使者。

自然景物中，其实并没有什么明确的线条，景物轮廓线的表现都是由主观意识概括出来的。建筑造型中的线条却并不是抽象不可知的主观意识，它是能够充分体现客观物象的形状、大小和肌理的载体，被赋予了表达空间形体的使命。

面适合于表现物象的明暗层次及空间立体效果，它与点、线结合起来表现建筑场景会有更强的视觉冲击力，更能真实、具体地再现原景，给观众留下深刻的印象。

初学者只有通过大量实践练习，才能够驾驭手中的笔，让点、线、面这三种抽象的艺术语言发挥各自的优势，使绘画者的艺术创作呈现在单调的速写纸上。

江西婺源李坑

重庆酉阳龚滩

二、运用

学习钢笔手绘，首先，须从直线开始练习。在练习过程中，应注意运笔速度、运笔方向与运笔力量。开始时运笔速度应保持匀速，宜慢不宜快，用笔力度要适中，保持笔势平稳，从左至右、从右至左、从上至下、从右上方至左下方等不同方位运笔，进行多种形式的用笔练习。

其次，要练习曲线、折线。在练习过程中，应注意运笔的笔法，多练习中锋运笔、侧锋运笔、逆锋运笔，从中体会不同运笔所带来的不同笔法。在建筑钢笔手绘中，常常会遇到许多曲线、折线，在绘图中将线画得非常圆、非常直，并不是我们追求的目的，因为手绘永远达不到利用尺规画出的效果。

绘画领域里所描绘的直线、曲线、折线是追求感觉中的线，是带有画家情感的线，是画中意境的体现，是作品的生命。练习时不应该机械地描绘，应把心情放松，达到行云流水的效果。将自己对物象的第一感受用线来表达，这样才会赋予线灵活性。

最后可以练习组合线。组合线是直线、曲线、折线的综合运用，在练习中应灵活多变，可以根据不同的对象选择适合的线条变化方法。调整组合线的种类、密度、色调会出现或深或浅、或疏或密、或粗或细的不同效果，以提高线条的表现力和材质感，最终使所绘画的对象产生质感和肌理变化。

掌握以上内容对于初学者来说非常重要。这就要求初学者应坚持利用闲暇时间进行大量练习，只有通过这种所谓的〞练习〞，才能熟练掌握手中的钢笔工具，做到运用自如，才能画好建筑钢笔手绘。通过收集素材、为今后的建筑、景观设计打下良好的基础。

安徽黟县屏山

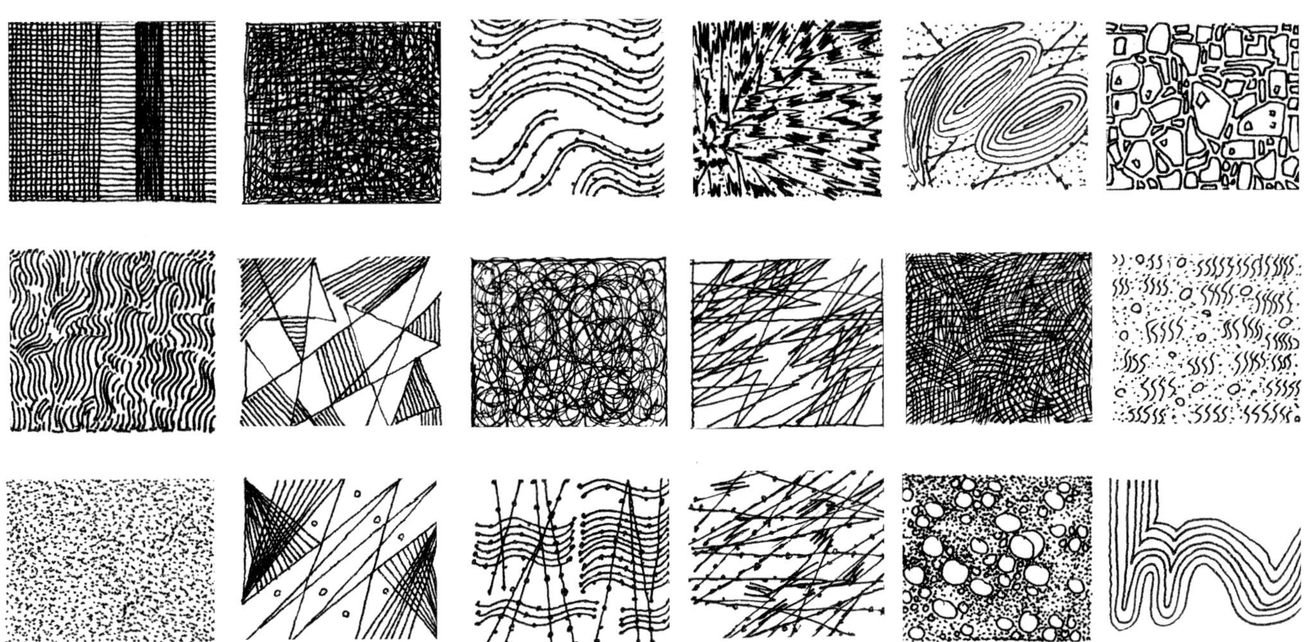

第二节　透视的运用

一、透视的规律

设计师表达自己的设计创意（设计方案、设计构思，如建筑外观效果图、室内设计效果图、景观设计节点等工程图和模型），或与设计人员、工程施工人员交流最简便、最直观的方法，就是直接画出设计方案的透视图。要在平面的图纸上表现出物体的立体感，就得研究物体在空间中的透视规律。掌握好透视规律，在写生过程中才能正确描绘客观对象。深入研究客观对象的形态、结构和运动规律，同时也为设计做充分的准备。

在生活中，我们观察到同样大小的物体会感到近大远小，同样高的物体会感到近高远低，同样宽的物体会感到近宽远窄。这些，实际上就是物体在空间中的透视现象。这种现象虽然被视觉正常的人所熟知，但是要正确地在纸面上表现出来却不是那么容易。在初学时往往会出现一些这方面的错误，所以透视规律必须掌握好，做到正确运用，并能活学活用。

针对这种情况，结合钢笔速写的需要，简单地介绍物体的一点透视、两点透视、三点透视和散点透视。为了便于对透视的理

景观设计透视表现效果图

解，首先熟悉透视里面的几个术语概念。

画面：是指假设与地面相垂直的平面。

地面：又称〞基面〞，是指建筑物所在的水平面。

地平线：又称〞基线〞，是指地面与画面的交线。

视点：是指画者眼睛的位置。

视平面：是指人眼高度所在的水平面。

视平线：是指视平面与画面的交线与画者眼睛等高，是一条假设的线，实际中并不存在，视平线除俯视、仰视，其余的和人的视高（眼睛水平线位置）有关。

视距:又称主视线，是指视点到画面的距离。

视线：视线是指视点和物体上各点的连线。

消失点：也称灭点、心点，是指物体进深线无限延长与视平线的交点。

天点：是指物体的一组平行线在透视中无限延长消失于天空中的灭点。如站在近处看高层建筑，楼的垂直线发生透视消失在天空。

地点：是指物体的一组平行线在透视中无限延长消失于地面中的灭点。如站在高层建筑顶端鸟瞰地面，楼的垂直线发生透视消失在地面。

安徽古建筑　黄力炯

二、透视的分类

透视是客观物象在空间中的一种视觉现象，包括一点透视（平行透视）、两点透视（成角透视）、三点透视（倾斜透视）、散点透视（多点透视）。

假设一个立方体正对着我们，我们可以这样描述它：立方体是一个三维的立体，表现为高度、宽度和深度。高度是指立方体垂直于画面的结构线，宽度是指立方体水平平行于画面的结构线，深度是指立方体倾斜于画面的结构线。如图所示：

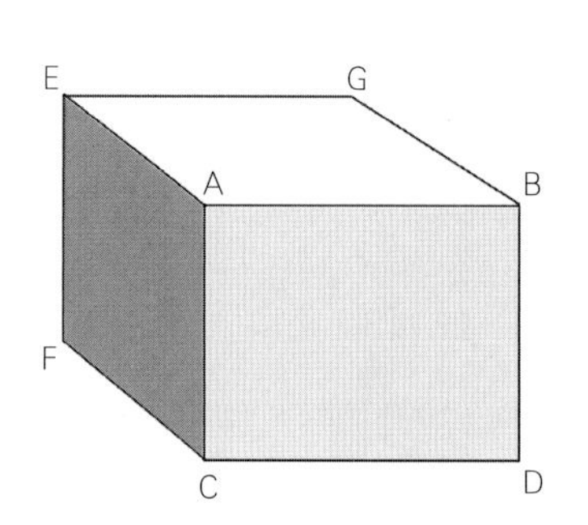

AB、CD、EG为宽度线，AC、BD 、EF为高度线， AE、CF、BG为深度线。

透视与人的站点有关。站点的左右移动会观察到物体不同方向的体面。视点在视平线上，视点的高低决定视平线的高低。

我们可以观察到物体在视平线以上、物体在视平线上，物体在视平线以下这三种透视情况。实际生活中高楼大厦就体现了这种现象。面对一栋高楼，有的楼层在视平线以下，有的楼层在视平线上，有的楼层在视平线以上。

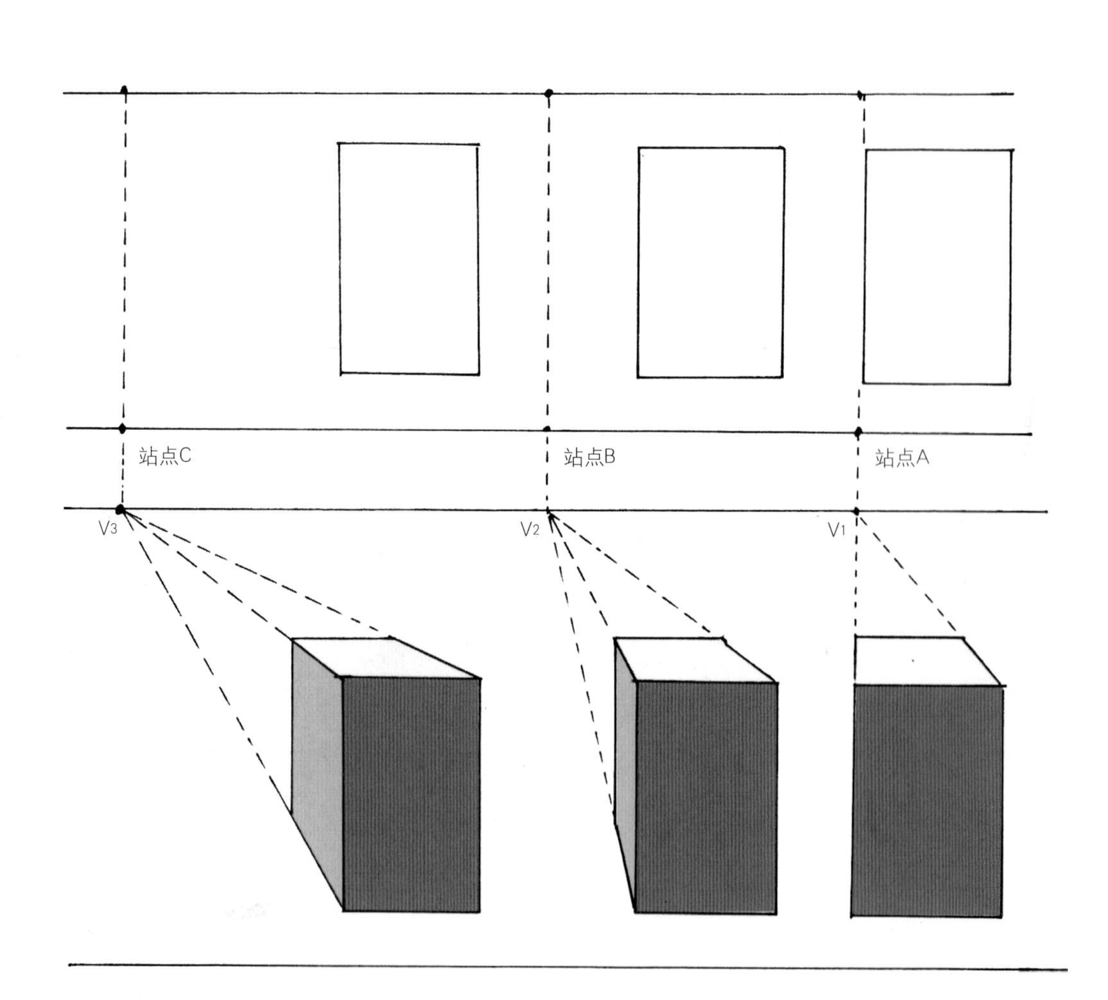

一点透视（平行透视）：

特点：一点透视也叫平行透视，只有一个消失点，高度线垂直于画面，宽度线与画面平行，有一组深度线，深度线与画面水平线相交，有一个锐角且深度线消失于视平线上一点V_1。一点透视图看起来比较稳定、严肃、庄重。

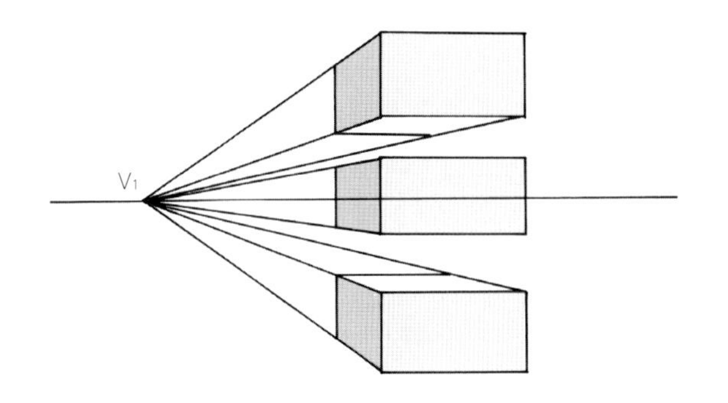

澳大利亚墨尔本火车站

两点透视（成角透视）：

特点：两点透视也叫成角透视，有两个消失点，高度线垂直于画面，有两组深度线，深度线延长与画面水平线相交，有两个锐角，且这两组深度线消失于同一条视平线上（如图）。

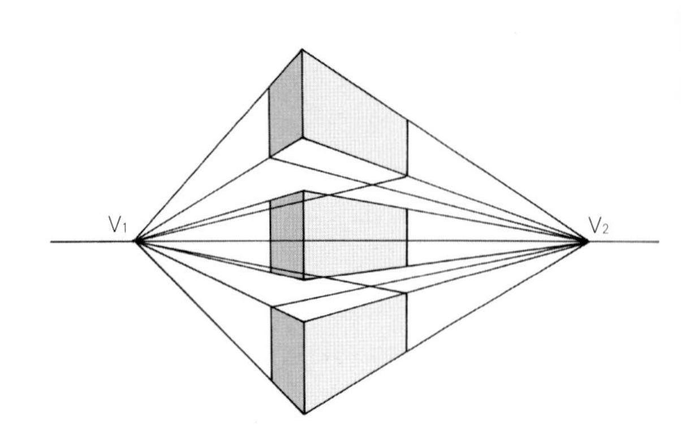

两点透视图面效果比较自由、活泼，能够比较真实地再现表现空间，但也有不足之处。如果人的站点选择不合适，就会造成空间物体的透视变形，所以想画好两点透视，对于站点的选择十分重要。

澳大利亚墨尔本街景

三点透视（倾斜透视）：

特点：有三个消失点，高度线不完全垂直于画面，根据站点的不同，高度线或者消失于天空中的天点，或者消失于地面中的地点，另外两组深度线延长与视平线相交形成两个消失点，消失在视平线上，另一个消失点消失在天空或地面，三点透视多用于高层建筑物的表现，人的站点离建筑物越近，其透视越强烈。

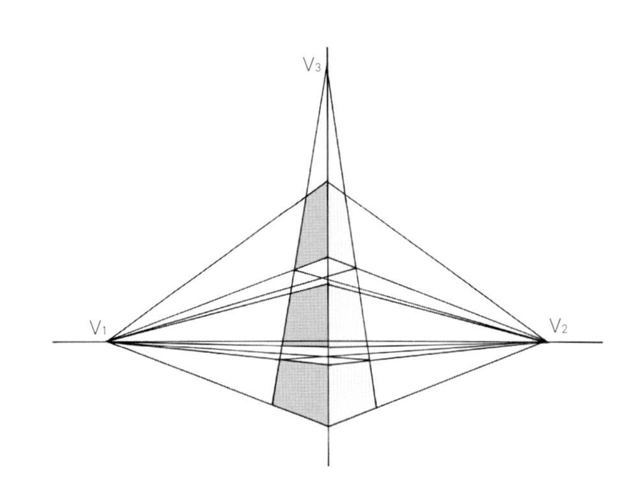

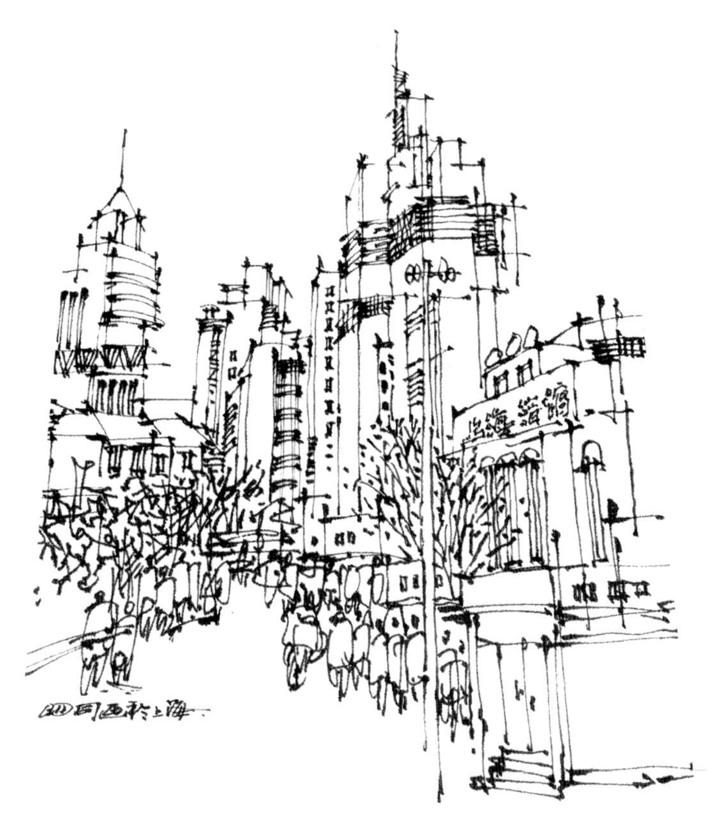

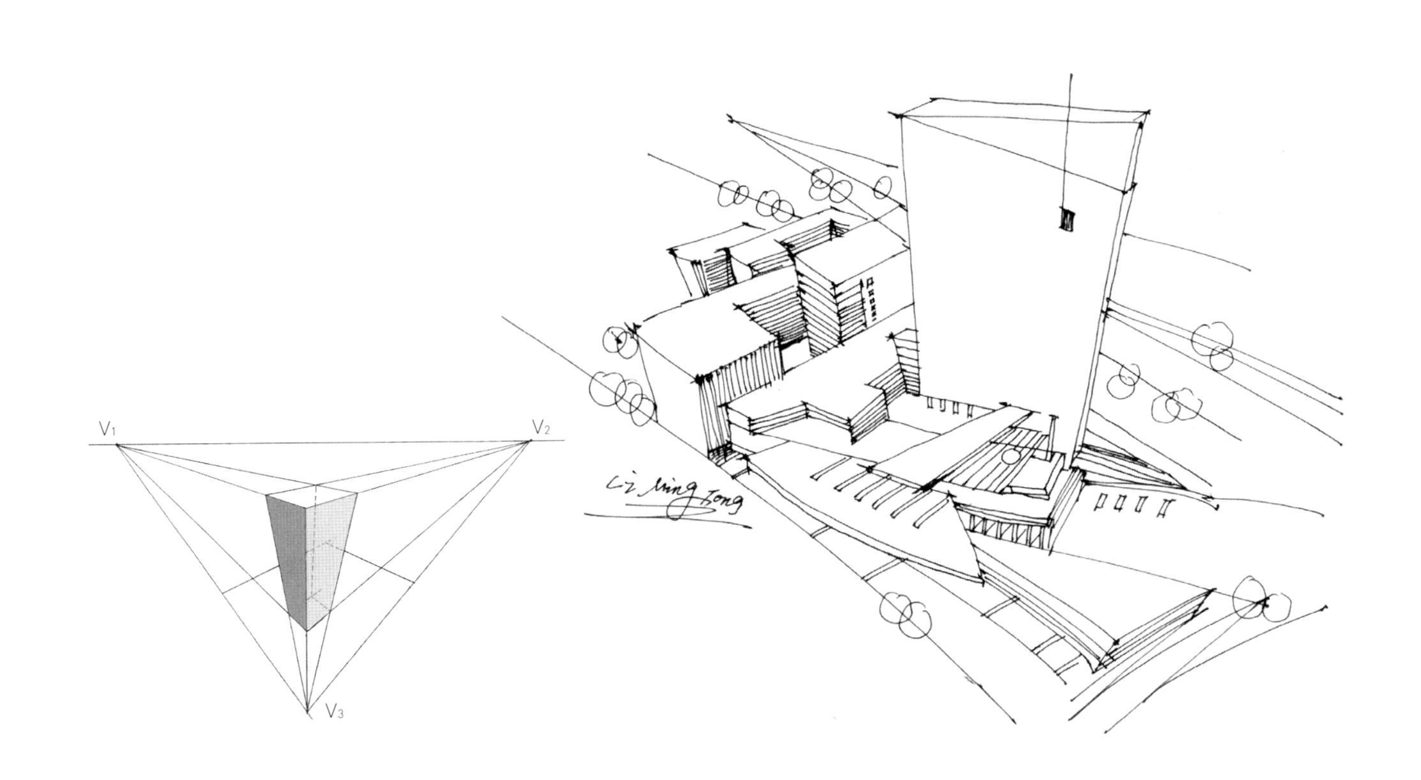

散点透视（多点透视）：

特点：是我们传统国画常见的一种方法，在我们的建筑钢笔表现中也经常采用。多个消失点，多条深度线，线与线纵横交错，是一点透视、两点透视、三点透视的综合运用。散点透视适合画大的场景，比如整个城市、村庄、小区的场景。

在写生时，要灵活运用透视规律，选择合适的写生角度去描绘生动的场景。当然透视规律固然重要，过分讲究透视关系，反而使画面显得呆板、拘谨，建议写生时多采用徒手表现，通过眼睛目测法去观察、绘制，以训练自己敏锐的观察力。

▲这幅作品画的是国外的民居。在动笔创作之前，首先，分析场景的透视规律，确定为散点透视场景。其次，根据散点透视多个消失点的特点对复杂的场景进行取景、构图。最后，对散点透视场景提炼、移景，把想要画的东西归类。然后从局部画起，并及时地调整画面的关系，做到局部服从整体，使画面协调统一。

三、透视的求法

对于建筑设计、室内设计、景观设计、规划设计、工业设计等专业，透视图都是最重要的，也是必须掌握的。前两节概述讲了透视的种类及规律，适合初学者写生时运用。但作为一名设计师除了掌握这些知识结构，还要明确透视的求法（透视图的作图过程）。所谓的“求透视”是根据设计图纸的平面、立面，根据图纸的数据，运用透视规律将平面的二维空间形体转换成具有立体感的三维空间形体的画法，并且能真实再现设计师的设计构思，表达设计意图。以下重点讲解空间的一点透视求法。

空间的一点透视画法：

先根据室内空间的实际尺寸比例确定一个界面A、B、C、D。

确定视平线的高度H.L,视平线的高度一般设在1.5～1.7米之间。

消失点（灭点）VP及M点（量点）根据站点或所要表现的角度任意定。M点最好取在ABCD矩形外。

通过消失点VP连接A、B、C、D四个点，求得空间的四条进深线。AB、DC为空间的高度线，BC、AD为空间的宽度线。

通过M点连接AD线上的尺寸点，交A.VP上的交点为该空间的进深点。

通过进深点，根据平行原理求出空间的透视网状辅助线，进深点的确定要根据空间的实际需要来定，在此基础上求出室内空间透视图。

[案例]

已知展示空间，高度为3米，宽度为4米，进深为4米，空间内有一展示墙，还有一个展柜，具体情况如左图：要求根据已知平面图、立面图的条件求出该空间的一点透视图（为了能清楚地表现透视制图过程，该空间平面图、立面图画的相对简单）。

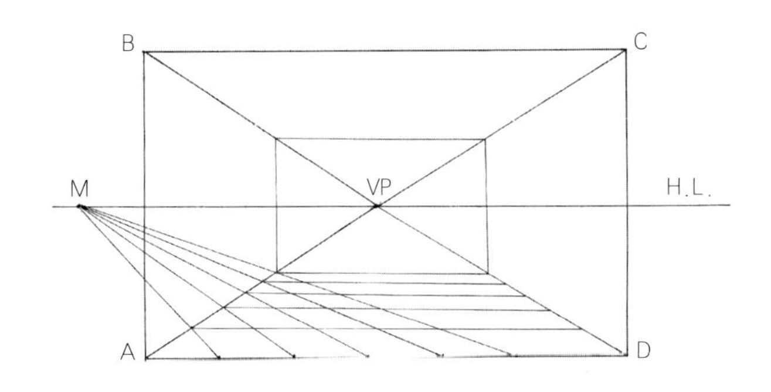

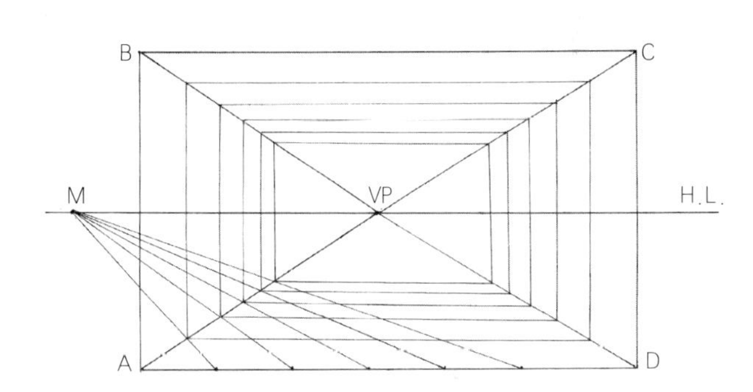

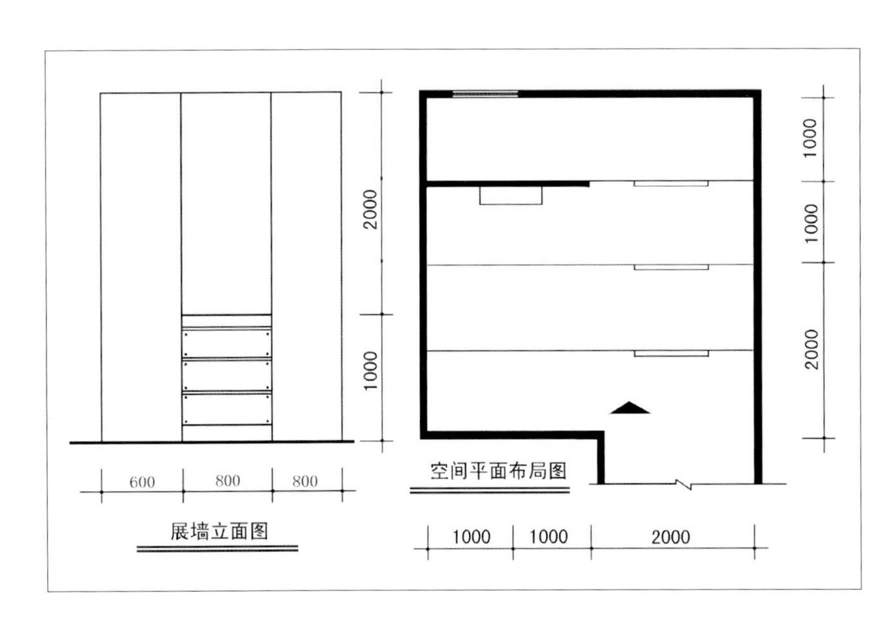

[做法]：

（1）根据已知条件求出该空间的透视网格，空间单位长度设为1米。

（2）在透视网格图中找到展示墙与展柜的平面正投影，然后拉高投影点，根据展示墙、展柜的立面造型与尺寸在高度线上截取尺寸点，通过灭点连接尺寸点求出展示墙、展柜的进深线，进深线与投影垂线相交的点即为展示墙与展柜在该空间的高度点，连接各点，求出该空间中的展示墙和展柜。以同样的方法可以求出其他墙面上的造型。

（3）最后去掉辅助线，添加配景完成该空间的一点透视。

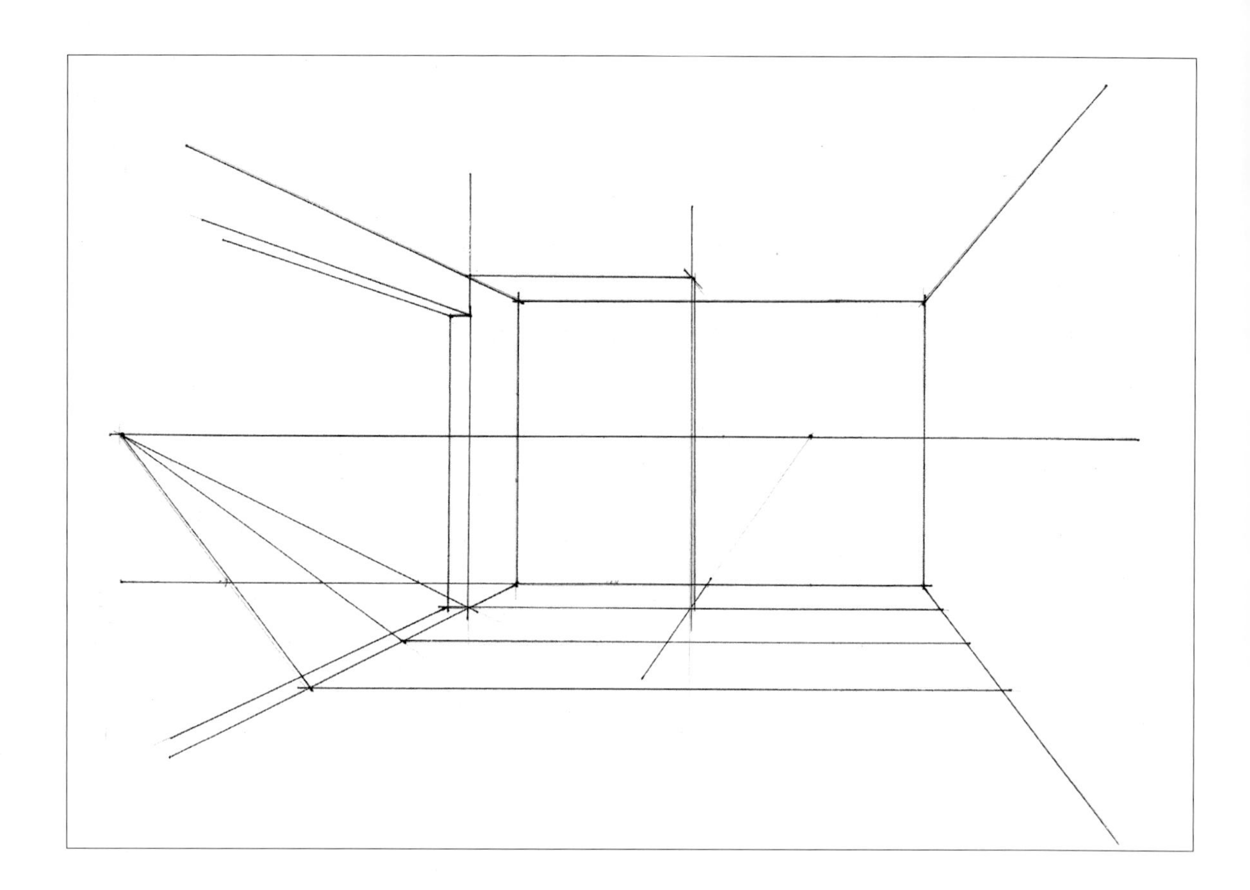

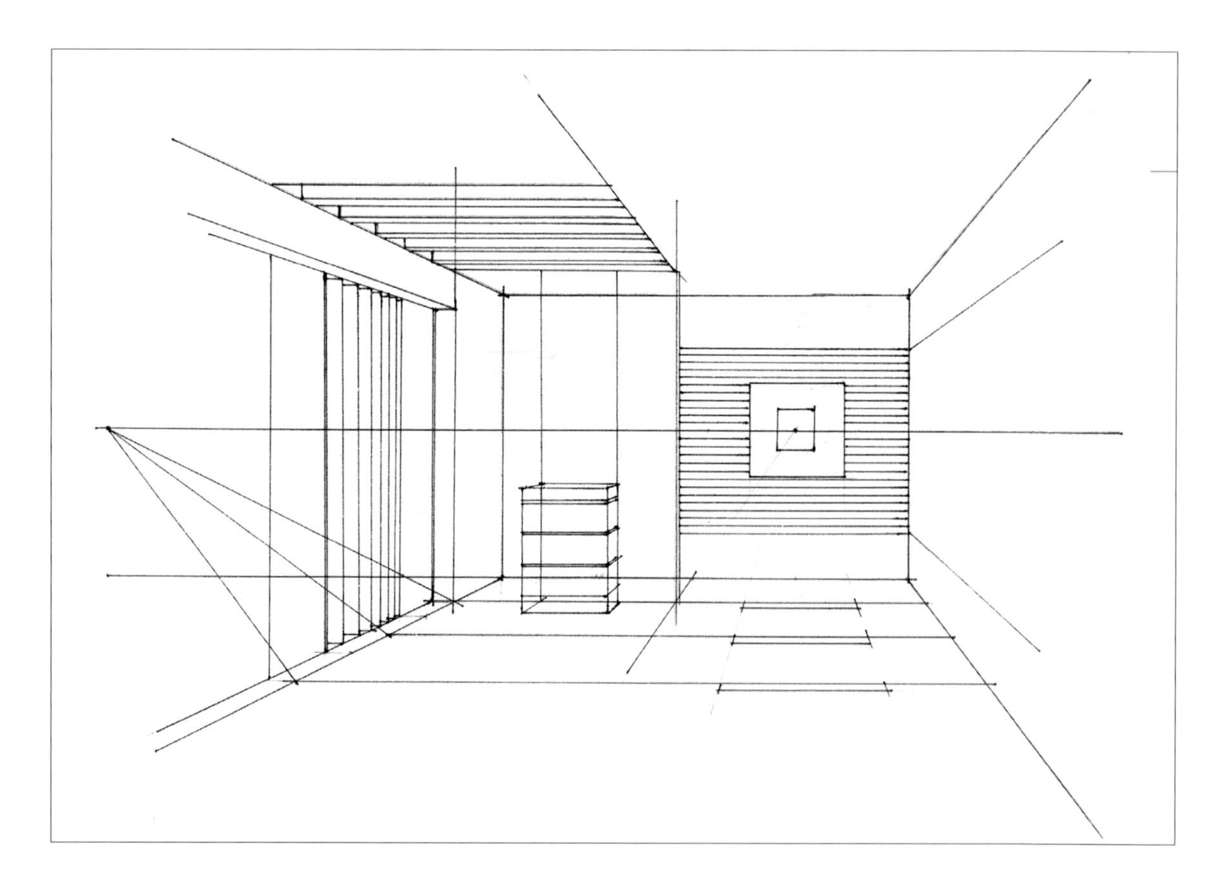

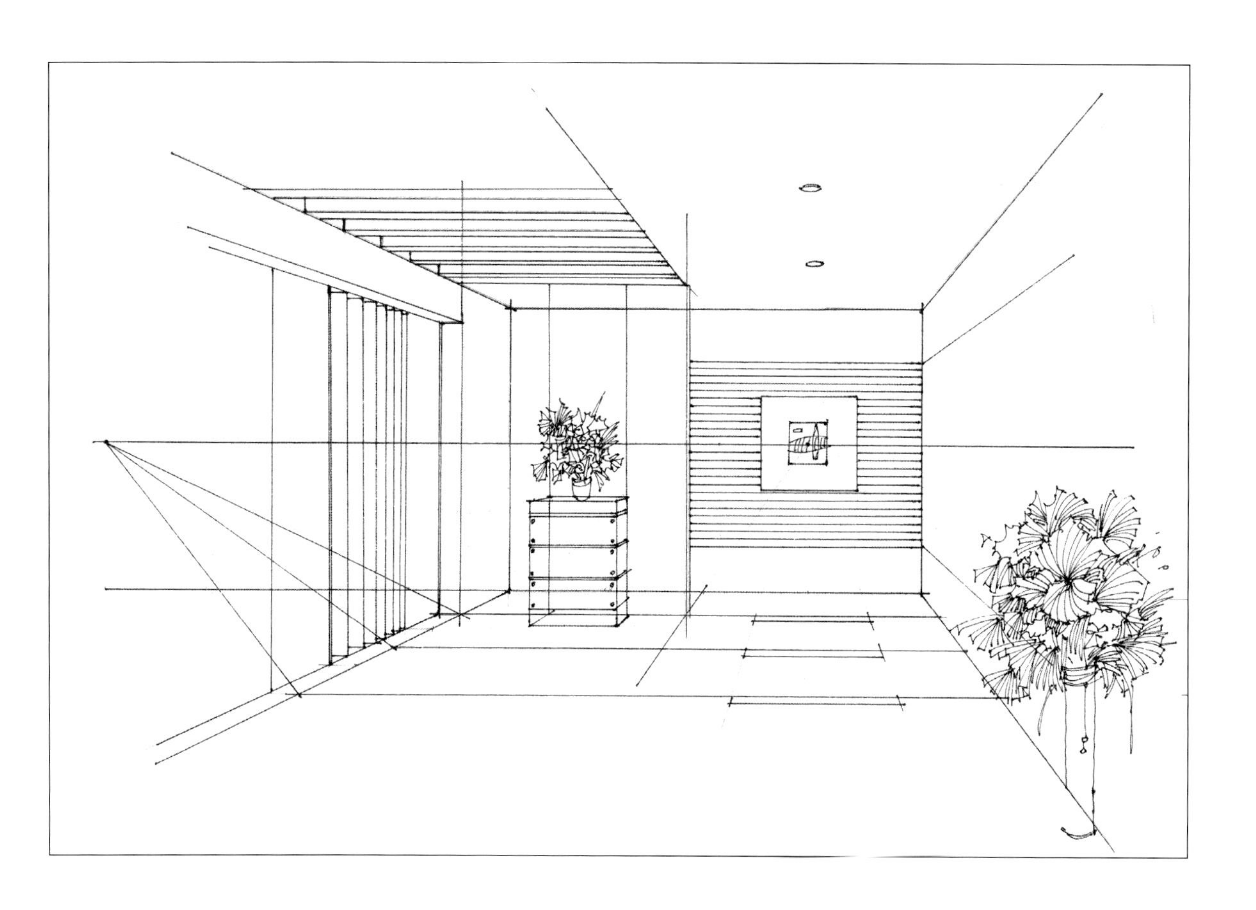

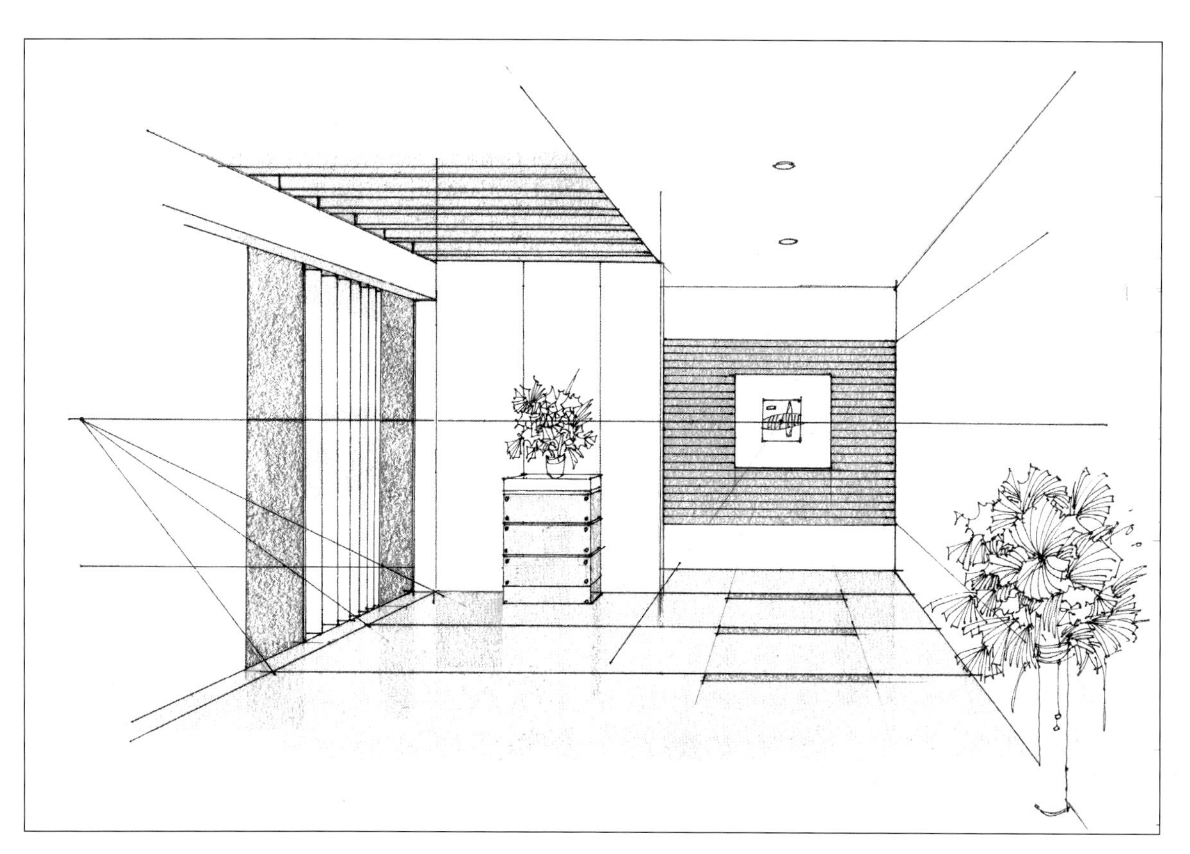

第三节　建筑钢笔手绘的表现形式

建筑钢笔手绘的表现形式有三种：线条表现、线面表现、光影表现。表面上三者是一种渐进的关系，实际上三者相互作用，都能够反映作画者对速写的掌控程度。它们都涉及线的运用及画面明暗层次的表达。线条表现注重轮廓、结构、用笔，展示线条的节奏感；线面和光影表现注重形体、结构、空间、重量，传达线条与面的黑白层次与光影效果。

一、线条表现

线条是人类抽象思维对客观物象的传达形式，是一切绘画形式不可或缺的表达方法。线条也是建筑钢笔手绘最基本、最主要的造型元素与表现语言。

运用线条写生时，如果线条画得太密或太疏，都不利于主次空间的表现。只有依据画面和空间的需要来组织，对线的疏密进行取舍、添加，才能掌握和灵活运用疏密。在线条疏密对比的基础上，应用不同的笔法来表现客观物象，使画面丰富生动，风格多

浙江桐乡乌镇

澳大利亚凯恩斯

现代建筑的描绘适合富有弹性的直线条表现（钢笔、中性笔），尽显建筑的高大、雄伟。

山西彩家庄

乡村建筑适合多变的曲线、折线（美工笔），线条粗中有细，变化多样，加之中锋、侧锋的巧妙运用，会增强画面物象的历史、沧桑、古朴之感。

澳大利亚凯恩斯

大连旅顺

样，充分发挥线条的表现力。运笔有侧锋、中锋、逆锋等方法，写生与创作时，用笔的轻重缓急，可使线条有粗有细，有轻有重，富有变化。各种不同的笔法形成的线条，会在视觉上产生不同的力度感。直线显得挺拔；斜线显得不稳定；水平线显得宁静；曲线则显得灵活而富有动感；对不同线条的运用就会产生线的不同力度的表现性。当然了，写生时，不能只追求线的力度的表现，最重要的是要以线的不同形态去表现物象的形体结构，要两者兼顾。用笔时要结合具体形象的具体情况进行有选择的用线。

画面的节奏对比也是建立在线条的疏密对比、粗细对比、刚柔对比的基础之上。画面所形成线的整体韵味和节奏，是画家对物象的深入理解，对线条的娴熟运用，以及修养达到一定程度的体现。初学者切记：在同一写生作品中尽量用一种工具，这样更容易掌握画面线条的整体性。在一幅写生作品中运用了多种笔的线条，若掌握不好，会造成画面线条不和谐，甚至会破坏画面的整体感。一般用强、实表现前面的主体物；用弱、虚表现后面的物体；用短线刻画主体物，用长线概括远处的远景物体。这种变化着的情感线条，表现了不同的空间万象。切记线是画出来，而不是描出来的，要一气呵成，否则，描出来的线条没有表现力。

总之，单线画法有一定的难度，这就要求我们要有造型能力，要提高自己的艺术修养，更重要的是要多想多练多推敲。初学者徒手画经常会出现造型不准或线条没有弹性，这就需要经常画速写，方能灵活运笔，做到意到笔到，形随意生。

江西婺源李坑

▲这幅作品就是运用单线线条的表现方法，建筑的屋面运用短线描绘，形成了有短线密集排列而成的黑色块，运用长线概括出建筑的主要形体，长线、短线的合理运用，这样使画面黑白对比分明，空间感强。画面中线条挺拔有力，疏密对比强烈，节奏感强。

二、线面表现

当我们熟练掌握纯线条的表现形式以后，应逐渐加强对明暗、阴影的描绘，明暗色块的对比不仅丰富画面内容，更增强画面的整体视觉感受。它在线条表现的基础上起到了锦上添花的效果，更能够优化画面主次、虚实、层次的表达，反映客观物象在画家眼中的千姿万态。受时间和环境影响，这种表现手法更适合作为画面后期处理的室内作业。

线面表现是建筑钢笔手绘表现中一种常见的方法，它以线为主，勾勒出物体的结构，辅以简单的明暗关系、使画面既有线的韵味，又有强烈的黑白对比关系，这种表现形式充分发挥了各自的长处，弥补相互之间的不足，强化线与面的关系，突出结构、空间、质感等重要因素，是一种很好的表现方法。

以线条与明暗相结合的表现方法，要简洁概括，不能像画明暗素描那样细致，应以线条表现为主，明暗为辅的原则，所表现物象的明暗应强调结构，体现面的转折关系，适当减弱光影在物象中的影响，应重视物象本身的结构，重视面的本身的色调对比，在表现时，加以概括、取舍、提炼。用笔要有方向，要根据面的方向进行有序的排线，实中有虚，虚中有实，以达到画面生动而富有变化，整体而又和谐。

山东青岛德国总督官邸

英国伦敦郊外古堡　黄力炯

三、光影表现

光影表现，就是运用光学原理，通过平行光照射到物体后，产生的光与影的变化，用素描调子刻画物象的一种表现形式。这种表现形式再现实际场景，画面对比强烈，形体更加突出，比线条画法表现充分，可以表现非常微妙的空间关系，有较丰富的色调层次变化和生动的视觉效果。

用明暗的方法作画，要掌握光的作用下物体的高光，中间色，明暗交界线，反光，投影之间的黑、白、灰的处理，要抓住主要光源，分清受光面与背光面，再以自然变化的规律去加以刻化，画面响亮，主题鲜明，黑、白、灰的关系和谐、变化而统一。当然作为写生来说，所谓的光影画法，不需要像写实素描那样去描绘，那样刻画，只需要表现黑、白、灰三个层次就够了，因为现场写生没有更多的时间去深入刻画，写生时适当减弱中间层次。背景时常被省略不画，刻画主要的物体，能够表现出场景物象的三维空间关系，体现其结构、光感、质感、量感及空间感就可以了。

点构成线，线构成面，面构成体，物体在光的作用下，产生不同方向的面。有线就有方向感、动感、节奏感，所以点、线、面、体是构成艺术作品的基本因素。所谓的线条表现、线面表现、光影表现都不是截然划分的，是相对而言的，不管是哪一种画法，只有一个目的，就是使画面产生黑白、明暗的节奏感、空间感和整体感。

具体的表现形式因人而异，个人只有正确合理地处理黑、白、灰三色调的关系，熟练生动运用线条，才能够非常真实、细腻、生动地描绘出建筑形象，才能够在不断的磨炼中找到自己的风格，才能够让自己的作品成为一件艺术品，而不仅仅是一个建筑草图。

江西婺源李坑

湖南凤凰沱江镇

山西民居

▲这幅作品是用0.3mm的中性笔画的，因笔尖纤细，具有细部刻画特点，故采用光影的画法，画面对比强烈、形体突出。画时从局部入手，把从整体观察后所产生的强烈的激情、所感悟到的美的因素迅速转化为艺术表现的语言，尽量做到笔笔准确，笔笔生动。在描绘的同时，要始终把握第一感的整体印象；画面调整时，始终把握局部服从整体的观念，只有这样才能做到挥洒自如的概括，流畅舒展的细节刻画。

3

第三章　建筑钢笔手绘的方法步骤

第三章 建筑钢笔手绘的方法步骤

第一节 建筑钢笔手绘的观察方法

一、整体观察局部入手

整体观察写生对象，把握住对象的大的形体结构和运动规律，不被那些无关紧要的琐碎的细节所吸引，看到的是整体而不是局部的细节，然后，大胆落笔，做到"胸有成竹"才能一气呵成，只有抓住了整体，抓住了物象的主要形体节奏，才能抓住最本质的东西。所以，训练整体观察是写生中的第一步。

局部入手是整体观察后的具体实现，把从整体观察后的因素转化为艺术语言，在准确地描绘同时，要始终把握整个画面，才能做到既不缺少整体空间的概括，又有细节刻画。

二、概括与取舍

面对自然物象繁冗复杂的场景，哪些该画，哪些不该画，是初学者比较头痛的问题，所以，写生时要对物象整体观察，做一番具体分析，分析哪些因素对主题有关，且最能表达出丰富的内涵，那么，我们就集中精力去描绘。面对一个场景环境，不可能将所有见到的东西全部画出来，场景及建筑物的表现要进行适当的取舍，以自己想要重点刻画的对象为主体，凡是与主题无关因素且画完后影响画面效果的东西我们要大胆地删减，做到画面需要哪些元素，我们就从场景环境中去选取有关元素，把这些元素描绘在图纸上，为画面的主体服务。使画面达到近、中、远景层次分明，主次关系清楚，画面上各物象组合协调的效果。毫无删减，看到什么画什么，无目的地机械描绘，会使画面太过呆板，没有突出点打动观赏者。

浙江桐乡乌镇

澳大利亚悉尼爱情港

浙江桐乡乌镇

三、对比

在写生时，必须仔细观察自然景物中的各个因素：天空、地面、建筑、树木、山水以及人物，明确所要表达的主体内容，然后进行各因素的比较，在心里进行因素对比。如面积对比、虚实对比、主次对比、明暗对比、色彩对比、线条的疏密对比等。没有对比，绘画、设计作品就缺乏感染力、张力和层次感。

南方古镇

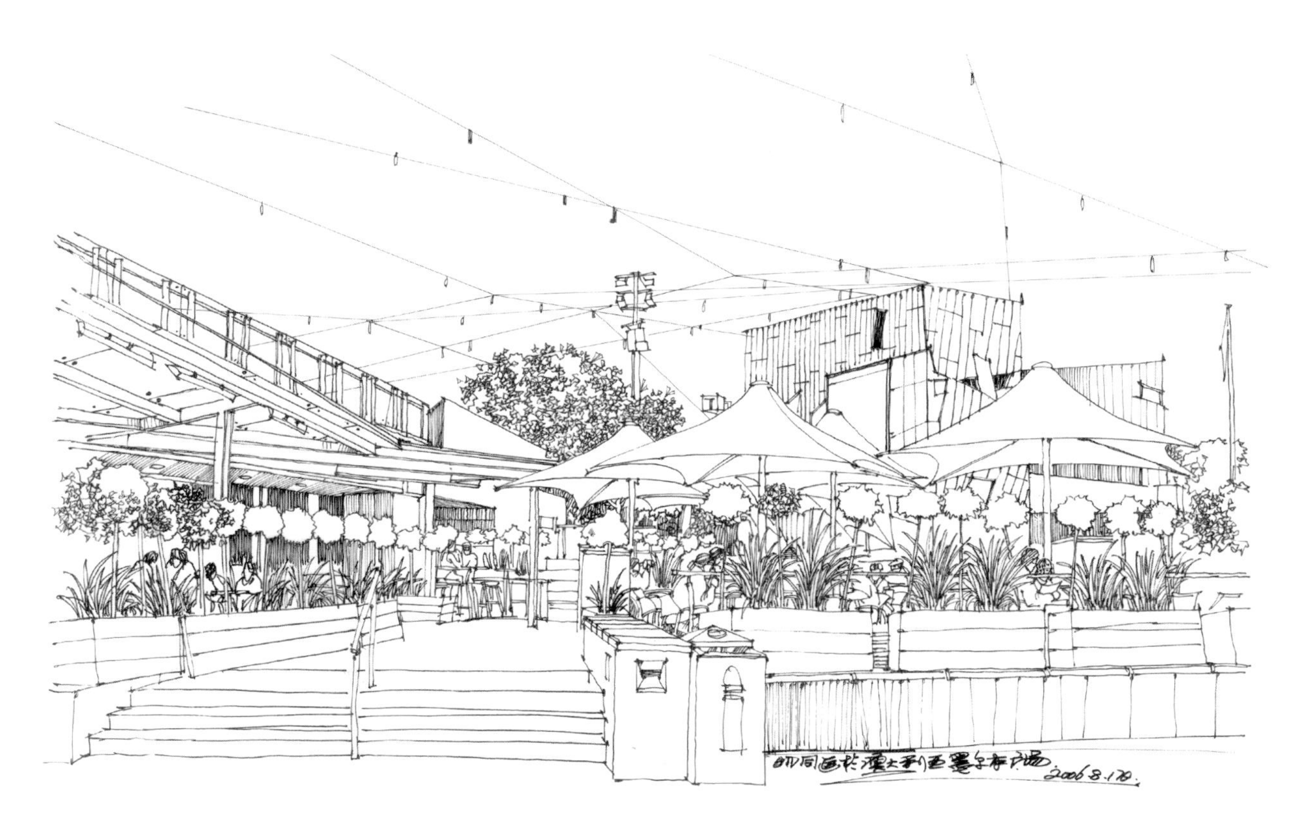

澳大利亚墨尔本联邦广场

面积对比

面对写生对象，首先要考虑所描绘的主要对象与次要对象在画面中的比例关系，主要对象要占主要面积。天空与地面场景的面积不能均等，若以表现天空为主，那么天空面积就要大于地面场景面积；若以表现地面场景为主，那么天空面积就要小于地面场景。这样才会产生对比，画面才会生动。

大连旅顺炮台

虚实对比

在绘画中，空间的远近往往靠空间透视或虚实来表现，近实远虚就是画面中主体物、近景应该画得写实些，次要物和中景应画得比近景虚些，远景物要画得比中景物虚些，当然空间的虚实关系不是绝对的，前实后虚或前虚后实以及前景虚，中景实，远景再虚。这些虚实对比要根据画家、设计师的主观意志来决定，没有固定的结构模式。在明暗光影画法、线条与明暗光影结合画法中，虚实对比相对容易掌握，在单线画法中，空间的虚实主要靠透视关系或线条的粗细、长短、疏密来解决。

烟台第一海水浴场

疏密对比

疏密对比是单线线条画法表现空间的重要手段之一。我们知道线条本身样式多变。它可长可短，可粗可细，可刚可柔，可曲可直。线条本身就可以表现人的内在情绪的波动，表现感情活动的痕迹。线条经过组织、构成后，有疏有密，就更富有表现力.疏密对比往往表现在空间物象的节奏、韵律、虚实。比如一幅画的疏密对比主要体现在对物体的疏密组合、线条和色块的疏密分布上。

浙江桐乡乌镇

明暗对比

明暗对比是黑、白、灰色块在画面上的位置关系以及所占面积的大小，要根据构图的需要加以处理。在写生时，要观察空间场景里的物象色调，通过自己的理解进行分析，分析出要描绘景物的黑、白、灰关系，主次关系，虚实关系，按照用笔规律进行调了排队。

以上方法，在写生中不是孤立的运用，而是相互联系、密不可分的，是客观与主观、感性与理性的结合。

大连旅顺

▲这幅速写作品是大连旅顺市区某街景，写生时正值下午两点，光线充足，场景中建筑与环境光线明暗对比强烈，故采用线面结合的手法。场景中留白的雨篷与阴影里的暗面形成强烈的对比，雨篷下的人物描绘增强了画面浓烈的生活意味，树冠的暗面与建筑暗面，黑白层次分明，线条排列有序，光感强，再现了实际场景。

第二节　建筑钢笔手绘的取景与构图

建筑钢笔手绘的取景与构图是作品中最重要的因素，是关系到作品成败的关键。

一、取景

然而初画建筑写生者常有两种困惑，一是不知该画什么，二是什么都想画，却不知如何取景，这就需要先训练我们的眼睛。要

澳大利亚悉尼爱情港

经常走进大自然中去观察、去感受，要善于在纷繁复杂的自然景观中抓住那最动人的场面，抓住能表现自然景观及画家情感的最为主要的部分，还要舍弃那些无关紧要的因素。同样一个景，不同人观察有不同的感受；同样一个景，同一个人在不同的位置就有不同的体验。所以，培养观察能力是画好建筑写生的基本保证。画家只有首先感受到美，才可能激起去表现它的欲望，才可能通过立意、取景、构图，刻画成为一幅优秀的建筑绘画作品。

取景就是选取描绘景物的范围。通过对所取景物进行有序的排列组合，从整体到局部哪些保留，哪些舍弃，哪些重点刻画，哪些概括处理，哪些元素最能表达意向主题等。

有的时候为了突出主题，在取景范围内没有合适的元素时，我们可以通过移景法，把其他地方的因素移到取景范围内，进行创作式的组合描绘，使画面完整。在取景的同时，还要考虑透视规律，作画的位置不能不假思索随意添加。

建筑写生与取景，不是自然场景的拍摄式机械的描摹，重要的是作者主观能动的艺术表现，是艺术家对场景的艺术再现。自然不等于艺术，自然是艺术创作的源泉，也就是艺术来源于生活，且高于生活。只有长期深入生活，体验生活，才能捕捉美的瞬间，抓取美的构图。

澳大利亚悉尼

▲如上图（左）是我们写生的取景范围，根据实际场景进行整体观察，做一番具体分析，分析哪些要素最能表达出主题内涵，然后进行适当的取舍，凡是与主题无关因素且画完后影响画面效果的要素就要大胆地删减，对画面有利的要素而现实场景没有的，我们可以采用移景法，把画面外美的元素移到画面中来，使画面更加完整。如上图（右）就是进行了取舍，把影响主题的建筑删减、取舍，同时把远处的“树”移进画面来，使画面显得生动、主题更明确。

运用景框取景

对于初学者来讲，运用景框取景无疑是最好的方法。找张纸板，为其切出方口，可以根据自己画面的比例确定切口的比例，也可以用双手的拇指和食指反向相搭，构成取景框，取景时可以左右、前后移动景框，进行摄影“变焦”的方法取景，直到自己满意为止。经过多次的练习后，掌握其取景规律，最后能做到在心中取景。

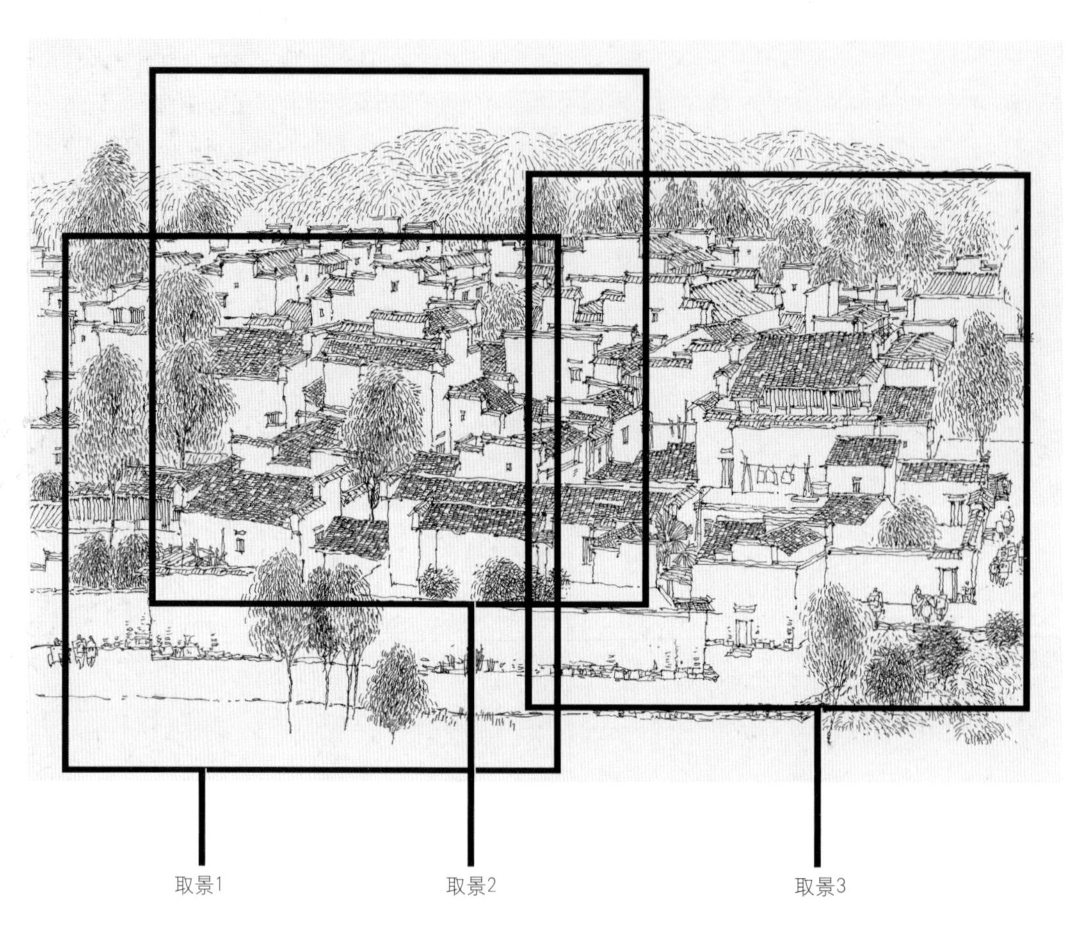

取景1

取景2

取景3

二、构图

构图从广义而言，是形象或符号对画面空间占有的状况。绘画中的构图则是指画面的组织结构，是作画者取景后，通过主观思维及作画经验整合以后较为合理的画面分割形式。

构图是一门重要而庞大的理论体系。它是艺术家为了表现作品的主题思想和美感效果，在一定的空间内，安排处理物象的关系和位置，把个别或局部的形象组成艺术的整体。在中国传统绘画中称为“章法”、“布局”。构图是指画面的组织结构，是作画者把取景后的诸多因素，通过立意而合理地构筑在一起，得到一种统一完美的画面，并达到作画者借以实现对作品内容和意境表现的意图。

油画构图

国画构图

构图常用以下几种形式：均衡式、水平式、垂直式、S形式、三角式、满构图等。

均衡式：画面中所描绘物象的面积、数量发生了对比，但在视觉上达到了平衡，不是绝对的平衡，是感觉上的平衡。

水平式：通常是描绘的对象往往是广袤无边、视线开阔、地形平坦，呈水平状的，如草原、沙漠、湖泊、海洋，这种画面的构图在视觉上是横向拉伸，给人以平静、稳定、视野开阔的心里感觉。

垂直式：画面中所描绘的对象高耸、直立、挺拔，在视觉上产生纵向、垂直向上动势，给人以拉伸感，如高层建筑、高树等。

S形式：画面所描绘的物象呈S形曲线状，如蜿蜒的小路、河流以及曲折的山脉。这种构图给人以婉转灵活、自然流畅的感觉，画面在视觉上产生深远的空间动势。

三角式：三角式构图在静物的绘画中用的最多，在风景绘画中体现在三角形构图的倾斜度不同，会产生不同的稳定感。作画时可根据不同需要，将描绘对象布局成不同倾斜角度的三角形，造成不同三角形构图的艺术感受，给人以稳定、沉着的感觉。

满构图：主要是从画面表现的物象的面积与量的角度来理解构图。在建筑写生中通常是不表现天空，画面构图饱满，内容丰富，常用来表达充满生机的主题感受。

均衡式

水平式

三角式

S形式

满构图

垂直式

构图的形态要服从作品内容和作者内心的感受，并根据构图形式美的法则来决定。构图的形式美的法则："横起竖破"、"竖起横破"、"个数与偶数"、"藏与露"、"疏与密"等。构图的基本原则讲究的是：均衡与对称、对比与和谐、统一。

对于构图内容的掌握，除了自己多做练习之外，还要多看别人的作品，特别是优秀的作品。不论是绘画作品还是摄影作品，多看别人的构图，琢磨别人的构图构想，还可以多看电影、电视、MTV等，都是一种直接的借鉴。

构图的基本原则就是规矩，也就是均衡与对称、对比与和谐统一。但由于创作者的艺术表现手法不同，观察事物的角度不同，创作出来的作品也是变化不一的。应针对不同内容采用不同的构图形式，万不可生搬硬套，弄巧成拙。客观规律是不能违背的，但懂得规律的人却不会被其理所约束。这里指的是画家、创作者应从有法求无法，就是不能墨守成规，要有创新意识，不要受条条框框的束缚，打破约束，创作新的艺术构图，新的艺术风格。只有这样艺术作品才能做到创新，才能真正意义上的做到"青出于蓝而胜于蓝"。

澳大利亚悉尼

▲这幅速写是典型的三角式构图的作品，利用中性笔以中锋线为主，勾勒出建筑的结构，然后运用马克笔辅助以简单的明暗关系，使画面既有线的韵味，又有强烈的黑白对比关系。这种表现形式充分发挥了线条的长度，强化了线与面的关系，突出了结构、空间、质感等重要因素，是一种很好的表现方法。

澳大利亚墨尔本火车站

▲此速写采用均衡式构图，描绘的是澳大利亚墨尔本火车站，对面是联邦广场，人流较多，道路两侧是商业店铺，热闹纷杂。写生时要考虑此场景的众多因素，进行合理的取舍，画面中的建筑、广告灯箱、车、人物、飘在空中的电线等繁杂而不乱。点、线、面的合理运用，增强画面的节奏感、韵律感。在作画过程中要始终把握场景的透视规律，否则会影响画面效果。

第三节　建筑钢笔手绘的步骤

一、从整体出发

首先在观察对象时，要用流动的视线去观察物象的形体、比例、动势，用笔在纸面上轻轻勾画出所要表达物象的大的轮廓，画时可用一些辅助线或虚点线，然后再根据画面的需要把一些有用的因素刻画进来。深入刻画时，要始终把握整体关系，主次相应、虚实相生、动静互衬、疏密相间，这种方法对于初学者较为适宜。注意要深入刻画重点景物，大胆概括次要物象，不要一开始就画得僵硬、死板，这样不利于修改。

建筑钢笔手绘的方法一：

1.考虑画面的构图，可以用铅笔轻轻起稿，用力尽量轻，用笔尽量少，不主张铅笔起稿过于深入，画得很详细，尤其是铅笔色比较深是线条表现最忌讳的做法。因为稿子起的过细，再用钢笔画时就有点拘谨放不开，会有描图的感觉，这样画出的线条呆板，不够轻松；铅色过重与钢笔墨线相接很容易出现线条脱墨现象，使线条折断，不够流畅。

2.起好构图后，还可以适当考虑一些配景，如树木、人物、车辆等。画配景的同时要考虑画面的构图，处理好前景、中景、远景的虚实关系，也可用笔轻轻标记。要根据画面需要进行取舍，舍弃次要部分的烦琐细节和复杂层次，使画面整体统一，富于节奏。

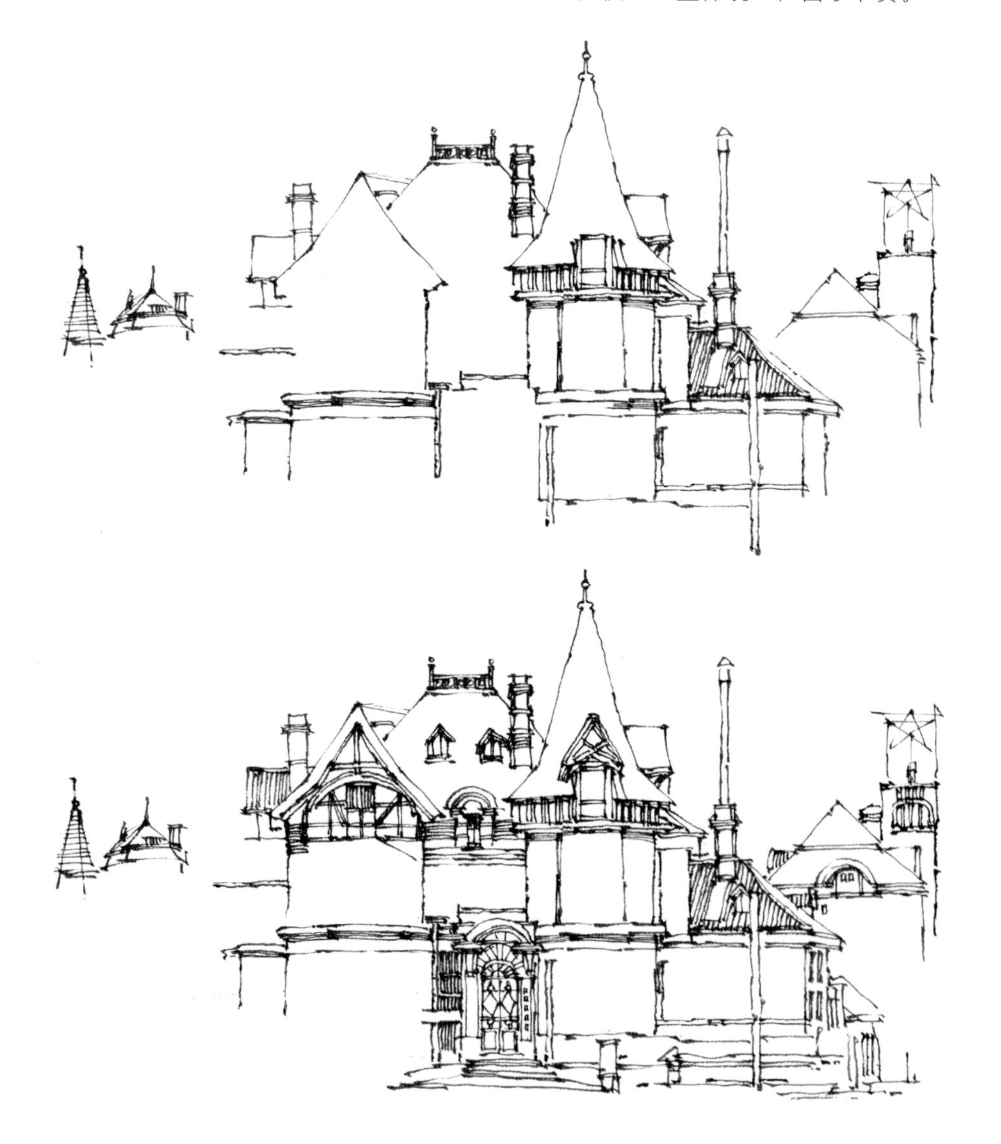

3.用钢笔进行描绘，运用线条的穿插与组合重点刻画主要物体，画的过程中要考虑画面的整体关系，用线要统一，描绘的时候最好徒手画，这样画出来的线条生动有弹性。运用精练、质朴的线条，进行简洁有力的勾画，无须明暗修饰，却能够达到情景交融、鲜明生动的画面效果。

4.调整画面，突出主题。对深入不够的部分细画，处理好画面黑、白、灰关系，疏密关系，前后关系，主次关系，使画面形成统一的整体。通过线条组成的物体相交重叠，向观者传达空间立体感。

二、从局部入手

局部入手是建立在对景物进行整体观察后，对物象做具体的分析，哪些要概括，哪些要取舍，把景物的个性特征和形式美感、情趣内容充分考虑进来，在心中先立意，即在心中取景与构图，然后再从局部入手，大胆落笔，力争每一笔都恰到好处，都能起到维护画面整体美感的作用。线条注意运笔时的轻重虚实及强弱疏密的变化，保持整体和谐统一，给后期处理留有余地。

建筑钢笔手绘的方法二：

1.考虑画面的构图,不需要用铅笔起稿，在心中起稿，做到心中有数方可用笔，这样画出来的线条生动有力，更能使画面生动活泼起来。

2.心中构图后，同样需要考虑一些配景，同时要考虑配景与主要景物之间的对比关系，考虑好首先画什么，其次画什么，最后画什么。

3.用钢笔进行描绘，采用从局部入手，逐渐展开画面的表现形式，最好不起稿子，运用线条的穿插与组合重点刻画主要物体，画的过程中要始终考虑画面构图与整体关系。

4.当作画接近尾声时，不妨停笔休息，从整体重新审视画面，看是否有不和谐的元素，调整画面的整体关系，使画面均衡和谐又富有节奏。对一些主体物的细节部分也可继续深入，让画面内容更丰富，主题更精彩，使画面形成统一。

山西太原古城

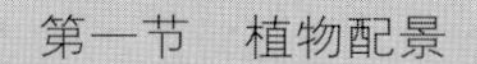

4

第四章　建筑钢笔手绘的配景练习

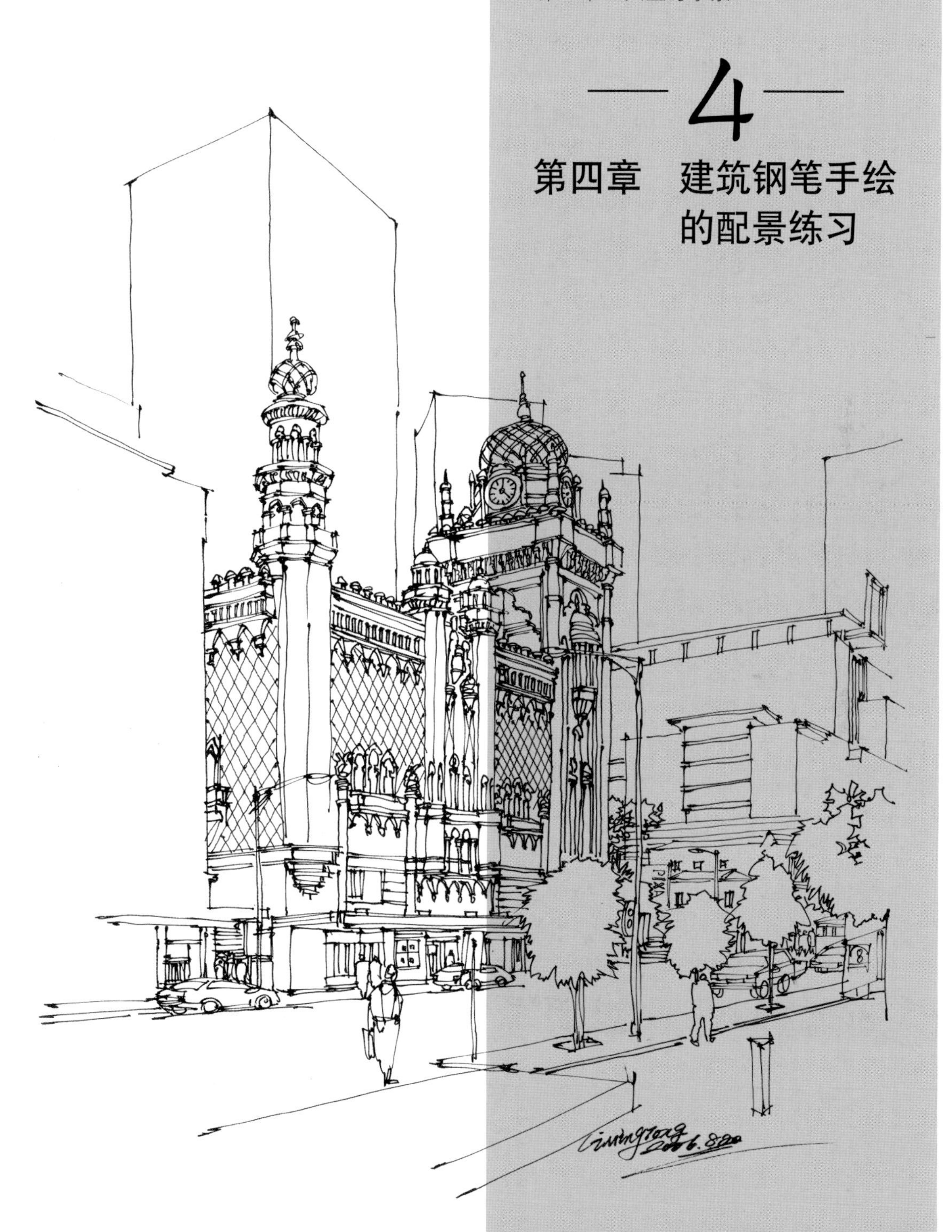

第四章　建筑钢笔手绘的配景练习

建筑钢笔手绘不能够仅仅只对建筑本身进行描绘，还应该兼顾到周围环境，建筑不可能孤立地存在于自然界中。天空地面、山石水景、花草树木以及人物车辆等，都应该统一起来，这样才能使画面传递生活的气息，而不是一个硬邦邦、毫无生气的建筑模型。配景之所以叫〝配景〞是因为它不能够喧宾夺主，只是建筑本身的陪衬，要懂得取舍，抓住画面需要的景物进行搭配，配景与建筑主体融为一体，统一透视、统一布局、统一绘制成品。

第一节　植物配景

社会的发展使人们对自己的生存环境要求越来越高，绿色生态意识不断地深入每个人的心中，植物配置是环境建设中的重要课题，这不仅表现在植物对改善人类的生态环境所起到的作用，更重要的是它给我们带来审美愉悦的精神功能。尤其表现在现代园林的建设上，更加注重了植物的开发和利用，植物造景也不仅仅是审美情趣的反映，而是兼备了生态、文化、艺术等多方面的功能。当前，在景观设计中植物主要以乔木、灌木、草本为主，在设计中占主要地位，设计师大多对其深入研究，研究其生长习性，研究其形态动势和四季的颜色变化。由于气候与其生长环境的不同，植物又可以分为：南方生长的植物、北方生长的植物。南方，由于气候炎热、雨量充沛，一年四季植物都是常绿；北方，由于四季分明，冬天大部分树木树叶会脱落，只有少数常绿植物。可以说没有植物的研究就没有景观设计的表现，植物配置的好坏关系到景观设计的成败。下面针对乔木、灌木、草坪与草丛的手绘表现做简单的介绍。

江西婺源李坑

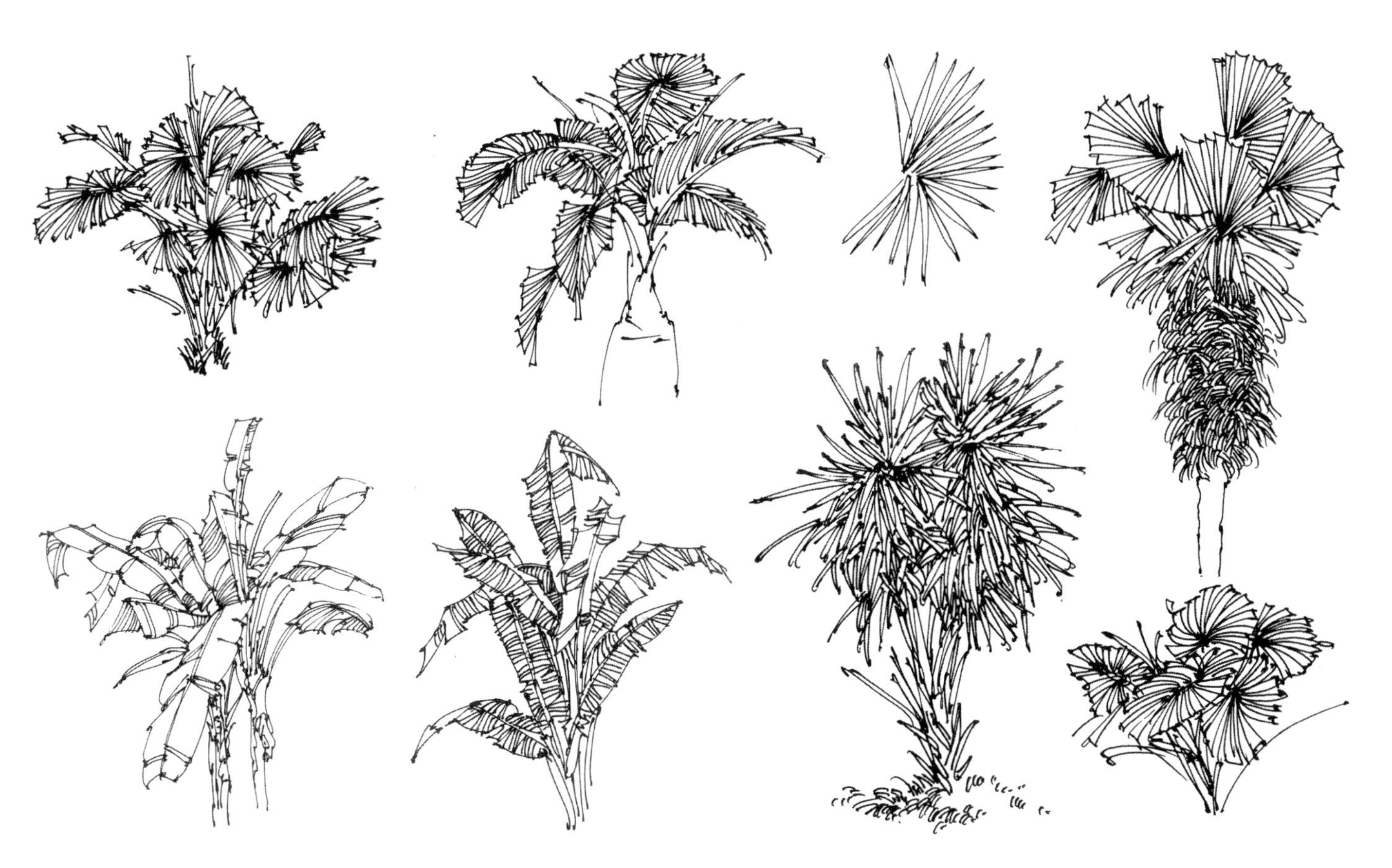

南方植物

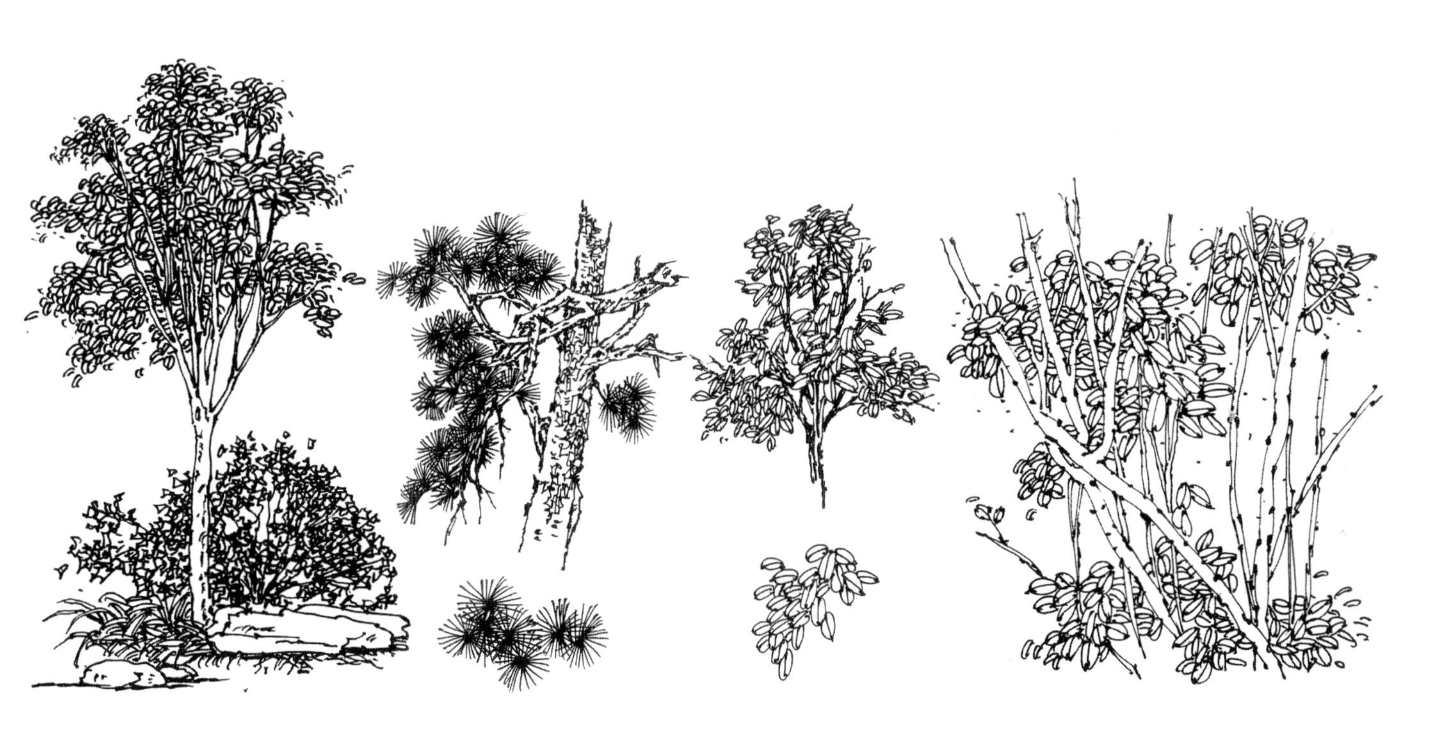

北方植物

乔木：一般是指树身高大，有明显的主干和树冠，且主干高达6米以上的木本植物称为乔木。如松树、玉兰、木棉、槐树、梧桐树、白桦树、樟树、水杉、枫树等。乔木又分落叶乔木和常绿乔木。落叶乔木每年到了秋冬季节或干旱季节叶子会脱落，如槐树、梧桐树、苹果树、山楂树、梨树等。常绿植物是一种终年具有绿叶的乔木，如松树、樟树、紫檀、柚木等。由于它们常年保持绿色，观赏价值很高，也是景观绿化的首选植物。

乔木树冠较大，树干粗且粗糙，树枝隐藏在树冠之中，树枝不能全部显露出来，画时应注意树冠造型中的留白，间隙要有疏有密，切不可满画；树冠外形轮廓要高低起伏富有变化，前后要有层次。还要考虑树干、树冠的明暗关系，用笔要生动灵活，切不可呆板。对于大多数球状、伞状、锥状的树木，可以采取装饰的抽象画法，简洁明了，用笔要洒脱，不可拖泥带水重复用笔。

灌木：灌木为没有明显的主干的木本植物，植株比较矮小，其高度一般在6米以下，出土后就分枝，一般可分为观花、观果、观枝干等几类。常见灌木有铺地柏、连翘、迎春、杜鹃、牡丹、女贞、月季、茉莉、玫瑰、黄杨、沙地柏、沙柳等。

灌木相对乔木来说要低矮一些，往往成片成群，树干多细，常为人工修剪。灌木与乔木的手绘表现有一定的类似性，表现时应以简练的几何形为主，用笔要概括，能表现出主要的结构即可，也要注意树冠造型空隙的处理，以及树干与树冠的明暗关系。

乔木的表现

草坪与草丛多属于草本植物，植物的茎含有木质较少，茎多汁，较柔软。这种植物适宜人工修剪，常见的有足球场绿地、城市公园绿地、城市住宅区绿地、公共道路景观绿地等，这类植物在表现时应简练概括，尽量下笔肯定，一气呵成，切不可拖泥带水。画草地必须注意其大的明暗关系，表现出冷暖远近感，作画时可以适量加一些细部刻画，使画面虚中有实，层次分明，必要的时候在草坪上可以概括地画一些小灌木的投影，这样可以增强画面的立体感。

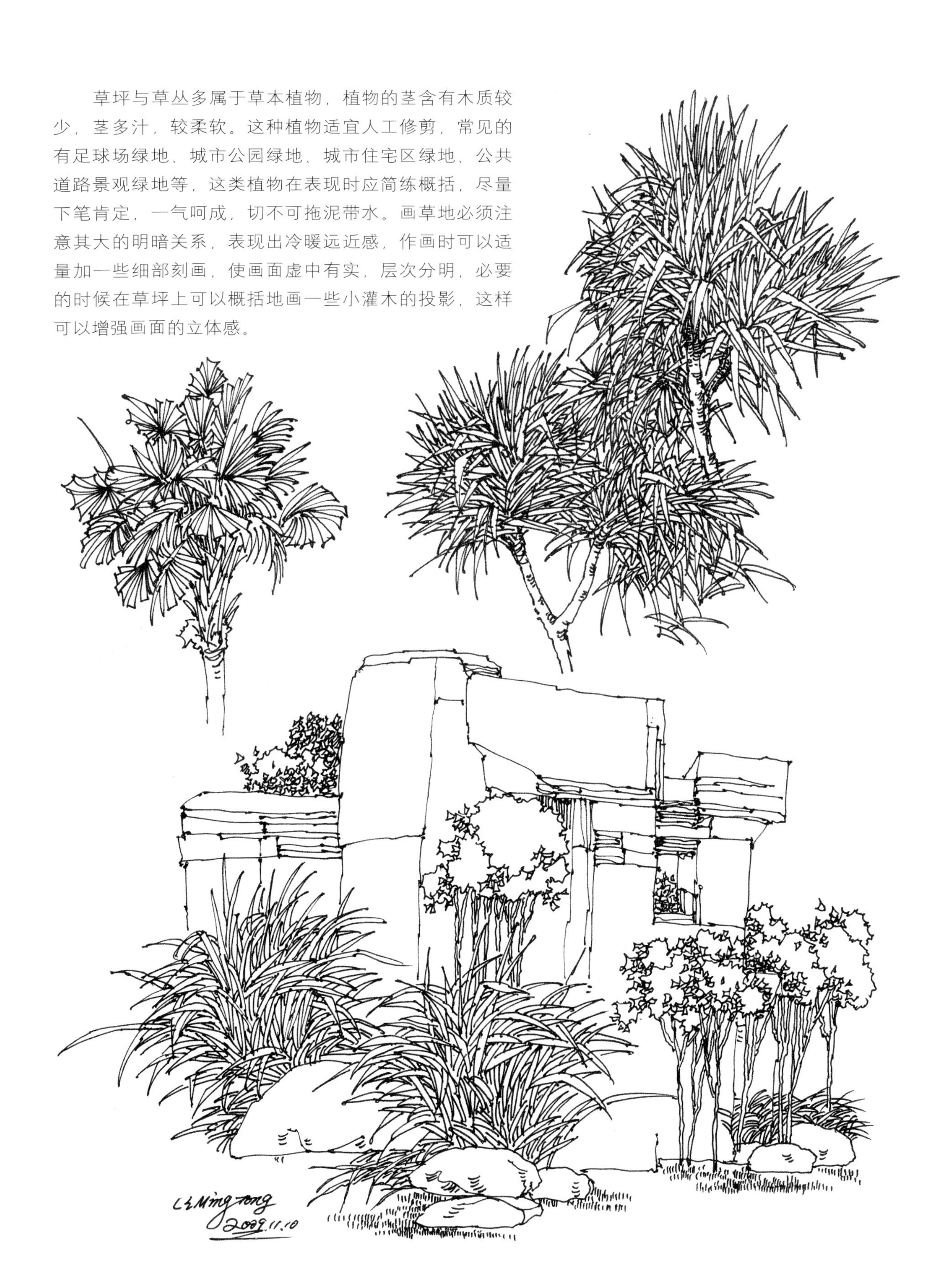

园林建筑 黄力炯

树木速写的方法和步骤详解：

1.先以铅笔起稿确定树木的高宽比例，大致画出树干、树枝、树冠的具体位置。

2.进一步画出枝干交错穿插及树冠的层次分组，修正树冠轮廓，分析树木的光影变化。

3.根据树木不同的质感选择不同的表现形式，从局部入手，刻画细致，同时要顾全大局，调整树的比例关系，注意画面的黑、白、灰关系。

4.最后完善画面，调整局部与局部、局部与整体的关系，修改画得不理想的地方，使局部服从整体，擦掉铅笔线。

第二节　人物与交通工具

一、人物

人物在建筑配景中是一个亮点，起到画龙点睛的作用，让画面充满活力。人物手绘的要点是表现人物的形象、动态，建筑手绘作品中人物的刻画要求简练概括，抓住大的外形特征和动态感，把握人物重心，完成人物作为建筑陪衬的使命。

人物在建筑中的透视应与建筑一致，符合近大远小的规律。记住地面上高于视点的人物一定要高于视平线，低于视点的人物一定要低于视平线，若是同一地平线上等高的人物，视点低于人物高度时，无论远近，视平线一定要穿过人物的同一部位。作画时，人物头部位于视平线以上的情况较多，此

时视平线横穿远近等高人物的同一部位。当人物不等高时，人物远近经过视平线的位置有上下差异。

要想快速准确地把握人物特征，必须对人体的各个关键部位了如指掌，抓住动态线，肯定而简明地下笔。平时也可以多临摹一些优秀的建筑人物速写，背下来以防不时之需。

画人物速写最不可忽视的就是造型与用线，人物的形体比例一定要准确，用线要生动，在表现着衣人物时要注意衣纹的处理，线的疏密、长短、曲直对比处理要有节奏。除了用线还要注意用笔，笔锋的变化也十分重要，在建筑钢笔手绘表现中，人物的用线应与建筑的用线统一起来，切不可两者截然不同，会造成画面不协调，破坏画面的整体关系。

澳大利亚悉尼爱情港

二、交通工具

交通工具在建筑写生中也是一种常见的配景内容，有汽车、摩托车、自行车、船舶等。作画时根据实际情况及画面需要添加或删减一些交通工具，烘托建筑主体，丰富画面效果，强调画面场景气氛。

交通工具速写的重点在于把握好基本结构及透视变化。线面综合运用，下笔干净利落，简明扼要地概括出外形，不可喧宾夺主，注意交通工具透视与建筑主体及周边环境的协调一致，比例恰当，统一于整个画面之中。

汽车的种类很多，不同的车有不同的外形特征，其外形的材料质地表现出不同的质感，画的时候要抓住车的主要特征，尽量简洁明了。在配置交通工具时，还要根据实际的场景而定，例如城市街道应多画一些轿车和公共汽车，火车站与码头应多画一些出租车、轿车、旅行车、人力车等。在安徽、浙江，民居多以皖南风格的徽派建筑为主，大多是靠着河道两边建设，应该画一些竹筏、小船等交通工具。总之，在画配置交通工具时，应该考虑不同的场景应该配置不同的交通工具。

第三节　门窗、墙面、屋顶

建筑的式样很多，古今中外的建筑风格各异，上古时期的建筑、中古时期的建筑、近代建筑、现代建筑、后现代建筑，每一个时期的建筑都有各自的特点，体现着当时的人类文明，体现设计师的创作风格。一幅好的建筑手绘就应该表达出建筑的形体结构、空间关系、风格特点、材质材料、色彩、精神。依据建筑大多数是几何形的特征，在描绘时应把握建筑的主要特点，运用透视原理，详细地刻画出建筑的体面转折、明暗关系、色彩关系，特别要注意建筑细节的表达。如建筑的墙体、门窗、瓦片、柱子、屋顶等，细部的描绘在建筑绘画中非常重要。建筑中没有细节，画面就会显得空洞。所以进行建筑细部描绘，可以使画面更生动，更具有实用性，起到了解建筑、解剖建筑、为设计师收集设计素材的功效。

徽州古建筑　黄力炯

一、门窗

“门面”，门就是建筑的脸面。古今中外任何一位建筑大师都不会忘记这个“脸面”。对于一张成功的建筑速写作品，自然离不开对门的重点描绘。门的种类很多，根据材质的不同可以分为木门、玻璃门、铁门等。木门在传统建筑中较为常见，写生时要把握好木材的质感，大的明暗关系，不可过于烦琐，要与主体建筑保持一致。玻璃门一般用于大型公共建筑中，要点是画出镜面反射效果，有一定的透明度。铁门相对少见，画的时候不可过于强调铁的坚硬度而画得太死、太硬，应根据具体情况来定。

随着经济的发展，建筑材料和结构发生很大变化，传统窗小且分块多的形式被大面积的钢化玻璃取代。前者绘画时注重于外部结构及装饰细部的刻画，后者则要注意表现玻璃的透明度及反射效果。

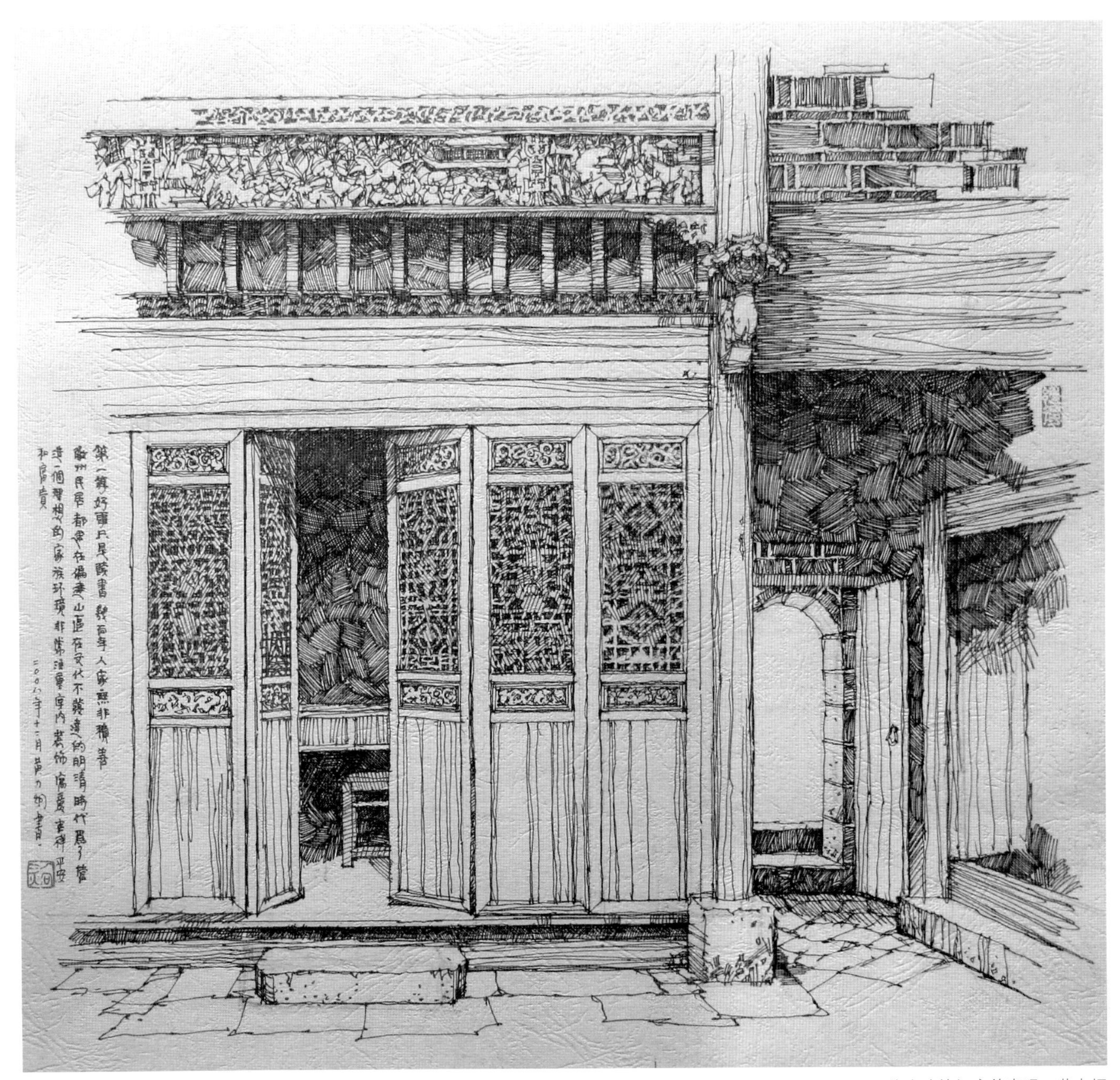

皖南建筑门窗的表现　黄力炯

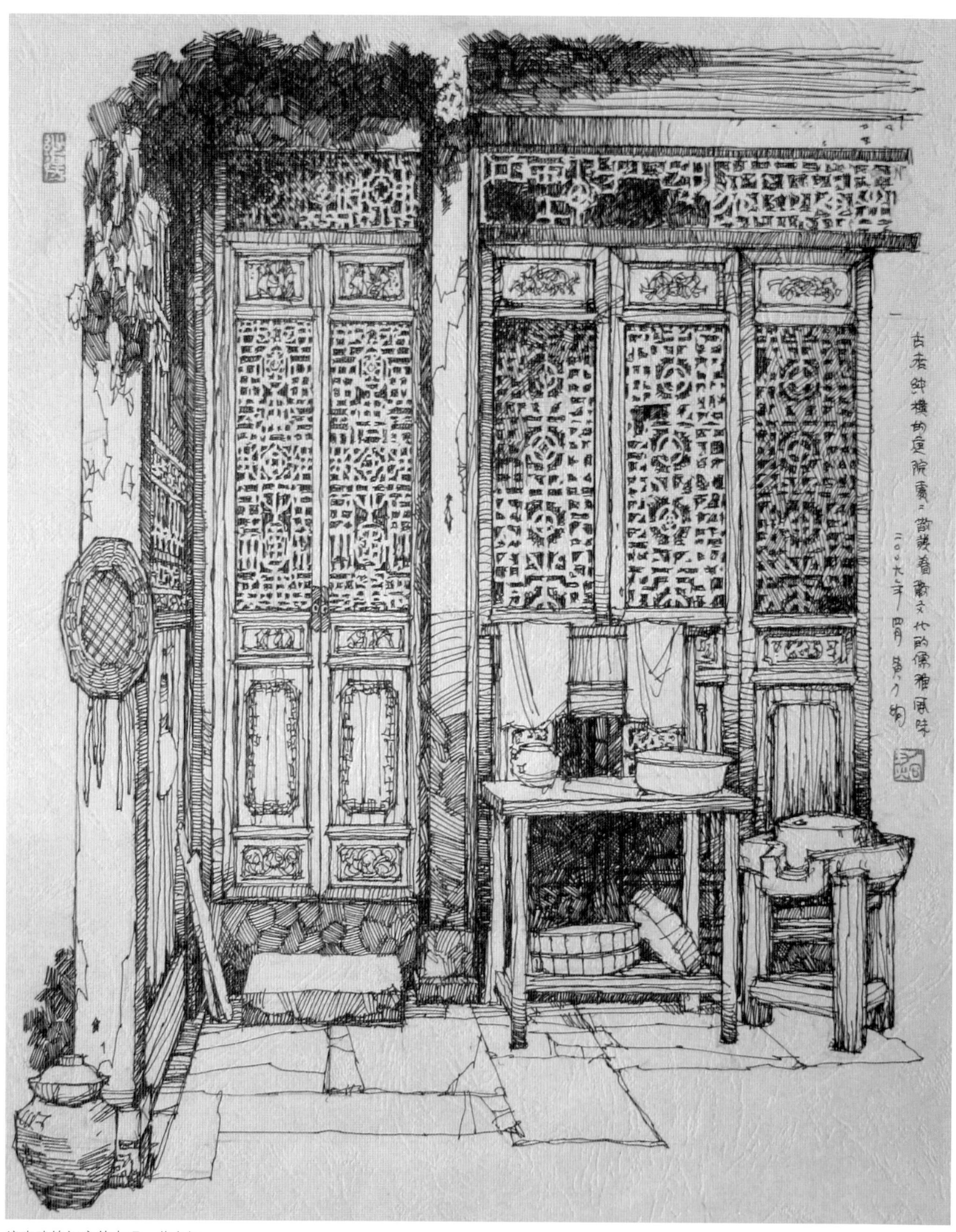

皖南建筑门窗的表现　黄力炯

皖南建筑门窗的表现　黄力炯

皖南建筑门窗的表现　黄力炯

二、墙面

墙是建筑的主体，多个墙面组合从而形成建筑这个“体”。墙的种类有：砖墙、石墙、土墙、玻璃墙、木墙、涂料墙等。描绘砖墙时要注意砖块的铺设规律及透视关系。石墙要仔细推敲石块大小相间的形式，近处大而疏，远处小而密的虚实变化。土墙一般见于陕北民居，用笔尽量轻松灵活，不能僵硬呆板，可用一些不规则线条表现土墙的疏松感。玻璃墙与大块玻璃窗画法类似，注重玻璃的透明度及反射效果。木墙在我国南方古民居建筑中较常见，一般下半部分是白灰涂抹的墙体，上半部分是木质结构。建筑本身充满江南神韵，写生时注意木板排列的整体趋势，虚实变化，用笔生动活泼，增添画面趣味感。

欧式建筑墙面表现

三、屋顶

主要介绍传统建筑中屋顶的瓦片，它在建筑钢笔手绘表现中是一个亮点，也是一个难点。大面积错综复杂的瓦面需要用心雕琢。瓦的种类很多，有平瓦、蝴蝶瓦、琉璃瓦等。描绘时注意虚实变化，从整体考虑，局部着手。不宜画得太满，要疏密得当，也不能太平均呆板，要有变化，用线灵活。让大面积“黑”的屋顶瓦面与“白”的墙面形成对比，丰富画面层次。

浙江桐乡乌镇

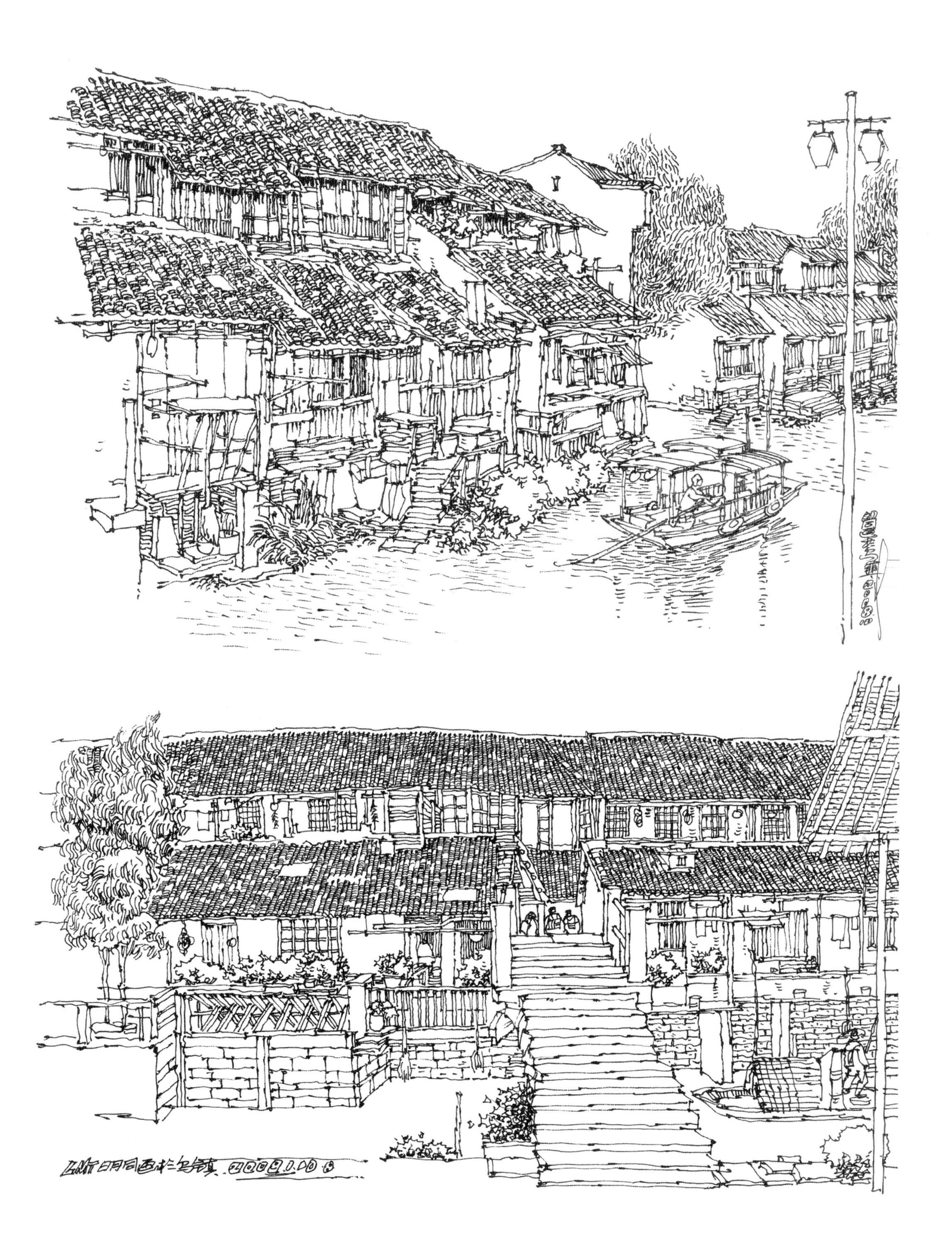

山西彩家庄

第四节　山石与地面

一、山石

山石与地面也是建筑设计表现的重要因素，不同地域山的形态也不同，北方的山形雄伟高大，山势险峻，气势恢弘。南方的山形高低绵延，灵秀多变。石头的种类也很多，南北方也各有特点，常见的景观石有太湖石、钟乳石、石笋、岩石、花岗岩、蘑菇石等，主要分布于水池湖边、道路边、绿荫林地、广场开阔地等，这些石头放置在景观园林中增强了景园的趣味性。描绘时需要抓住其特点，用不同的线条、笔法去表现。可以借鉴传统的山水画法，运用山石的皴法加以描绘，如"斧劈皴"、"披麻皴"、"雨点皴"，用毛笔的侧锋表现更佳，能够充分地表现出山石的结构特点。作画时先用钢笔刻画出山石的轮廓和山石的内部结构，再进行有序的深入，塑造时要合理运用点、线、面，黑、白、灰的关系，会增强画面的节奏感、韵律感、真实感，只有这样的作品才能真实地再现自然场景。

二、地面

地面的概念很广，基本上包含了地球表面的各种物质形态，如山川、河流、城市、城市广场、乡村、各种道路、绿地、沙石滩、沟壑等。建筑手绘包含了自然景物与人工景物，都是以地面为载体，建筑表现也就是地面自然景物与人工景物的表现。所以绘制建筑图时地面景物处理得是否得当对于作品成败非常关键，因为地面的形态复杂，所占画面面积大，处理起来有一定的难度。地面的表现方法很多，具体怎样表现要根据建筑设计的具体场景的实际情况而定。要运用流畅生动的笔触描绘树木、花草、沟壑、石头、道路等，切忌不能孤立地刻画每一建筑要素，要有主次和虚实关系，要考虑画面整体的黑、白、灰关系，要通过疏密、主次、明暗的对比加强画面的层次感、远近感。

第五节　天空与水景

一、天空

天空是建筑钢笔手绘不可缺少的因素之一，天空的大小决定了画面的上下取景内容。以地面景物为主的表现可以缩小天空的面积，描绘时可采用留白的形式，这样与地面深刻的描绘形成鲜明的对比，突出了主题；以天空景物为主的表现可以缩小地面上物象的面积，描绘时加强地面刻画，留出更大的塑造空间给天空，这时可以适当细致地刻画天空中的云朵，局部留白，与地面物象形成对比，加强画面的空间感、远近感。

安顺云山屯

二、水景

水是建筑景观环境设计的重要因素之一。水有不同的形态，有壶口瀑布怒吼的水、有溪流缓缓流淌的水、有平静如镜静止的水，其特点是或跳跃奔腾令人激动，或缓缓流淌给人舒畅，或平静如镜令人安宁，可见水是最具可塑性的环境设计元素。对于水景的描绘，要根据画面的具体情况来定，要看画面所采用的表现手法。如果采用单线法，水景最好的处理手法是留白或少加线条刻画。如果是线与明暗光影结合的画法，水景最好用线条画出水的倒影，反射天空处留白，这样黑白对比强烈，与整个画面的表现手法相协调，画面整体而统一。在写生时要多观察、多分析、多推敲。

江西婺源李坑

建筑与水景表现

▲这幅速写作品是运用线条与明暗相结合的表现方法，画这样的作品要简洁概括，不能像画明暗素描那样细致，应以线条表现为主，明暗为辅的原则，所表现建筑的明暗应强调结构，体现面的转折关系，适当减弱光影在建筑中的影响，在写生时加以概括、取舍、提炼。用笔要有方向，要根据面的方向进行有序地排线，实中有虚，虚中有实，以达到画面生动而富有变化，整体而又和谐。

5
第五章　建筑钢笔手绘的运用

第五章　建筑钢笔手绘的运用

对于设计师而言，练习建筑钢笔手绘，不仅是为了提高手绘能力、积累设计素材，更重要的是能够在长期的实践中提高自己的创造力、审美力及设计素养。能够很熟练地掌握徒手造型的绘画语言的运用能力，为建筑设计的运用打下坚固的基石。建筑钢笔手绘的运用可分为构思与表现两个方面。

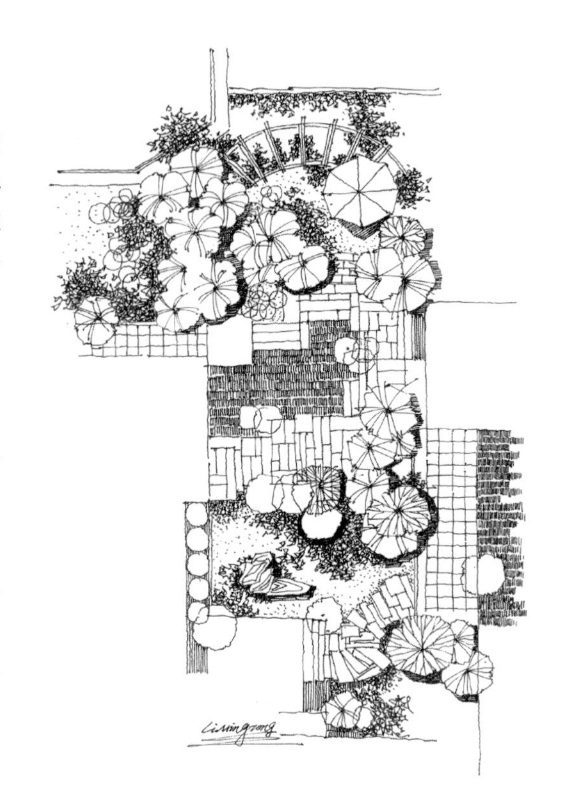

第一节　构思

设计师在做建筑方案的时候，通常要对方案主题了如指掌，然后经过丰富的联想、假设、借鉴、对比，将大脑主观意象的画面通过线条、符号、图形用速写的形式呈现在稿纸上，并不断进行推敲、修改和完善，使设计理念与创新思维相结合，运用干脆流畅、疏密有致、生动优美的线条记录自己随时迸发的设计灵感。构思手绘是设计师表

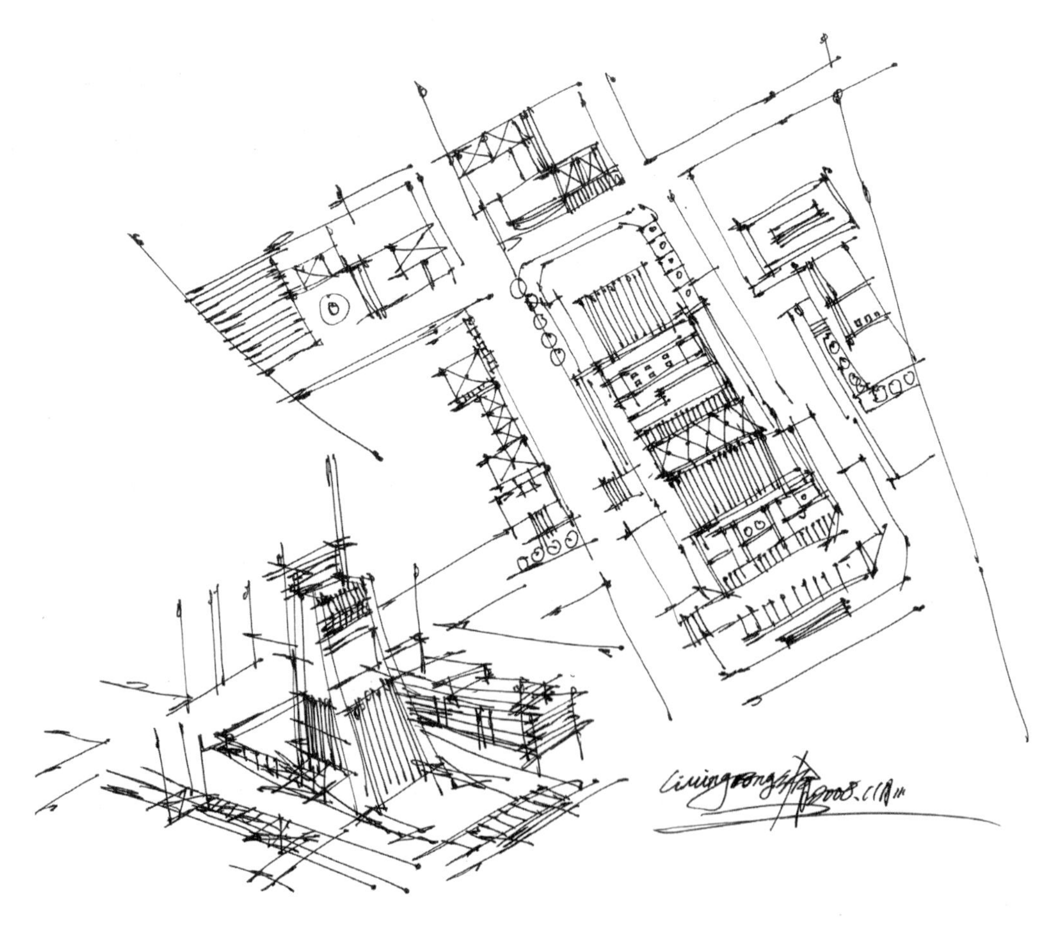

达设计创意构思的主要手段，为收集素材积累形象，并不要求每一幅草图都是出色的艺术作品，只要求它能准确、快速、合理地记录设计构思，通过不断的提炼组合最终完成设计方案。无论是建筑学、景观设计还是室内设计专业的，在以后的设计工作中，都免不了进行大量的构思手绘。它是设计师快速、直观表达设计思想的必不可少的方式。

虽然构思手绘的画面形式相对简洁，但并非意味着单调和空洞，一幅构思手绘就是一幅作者设计理念与思想感情的心理速写，它都是画家真情实意的流露。一个成功的建筑设计师，首先是让自己融入生活，从日常生活中攫取灵感，做到以人为本，设计为生活，了解时代社会，了解人们的心理活动，做最人性化的设计，才能打动人心，得到别人的认同。在做设计构思的同时，传情达意，才能够为后期的设计成品做最好的铺垫。

第二节　表现

表现手绘是建筑设计师将设计意念传达给观众的一种形象语言，是在完成设计构思以后，通过平、立、剖三维透视图等形式将设计构思转移为直观、准确、清晰、完整的设计方案。这是每一位设计师都必须掌握的基本技能，是用于客户沟通与交流的手段。任何一个建筑都离不开前期的设计草图的绘制和严谨的施工制图，建筑图形的表现能直观清晰地传达设计师的设计思想，也能间接准确地传达建筑的动态趋向与建筑的形态意识。古今中外卓越的建筑大师大都能够通过手绘表现的形式，将自己设计创作用规范的图纸表达出来，赋予建筑手绘图以生命，展现建筑实体的动势。

我们知道古代埃及人创造了一流的建筑艺术和装饰艺术，那个时候他们就会用正投影的方法绘制建筑物的

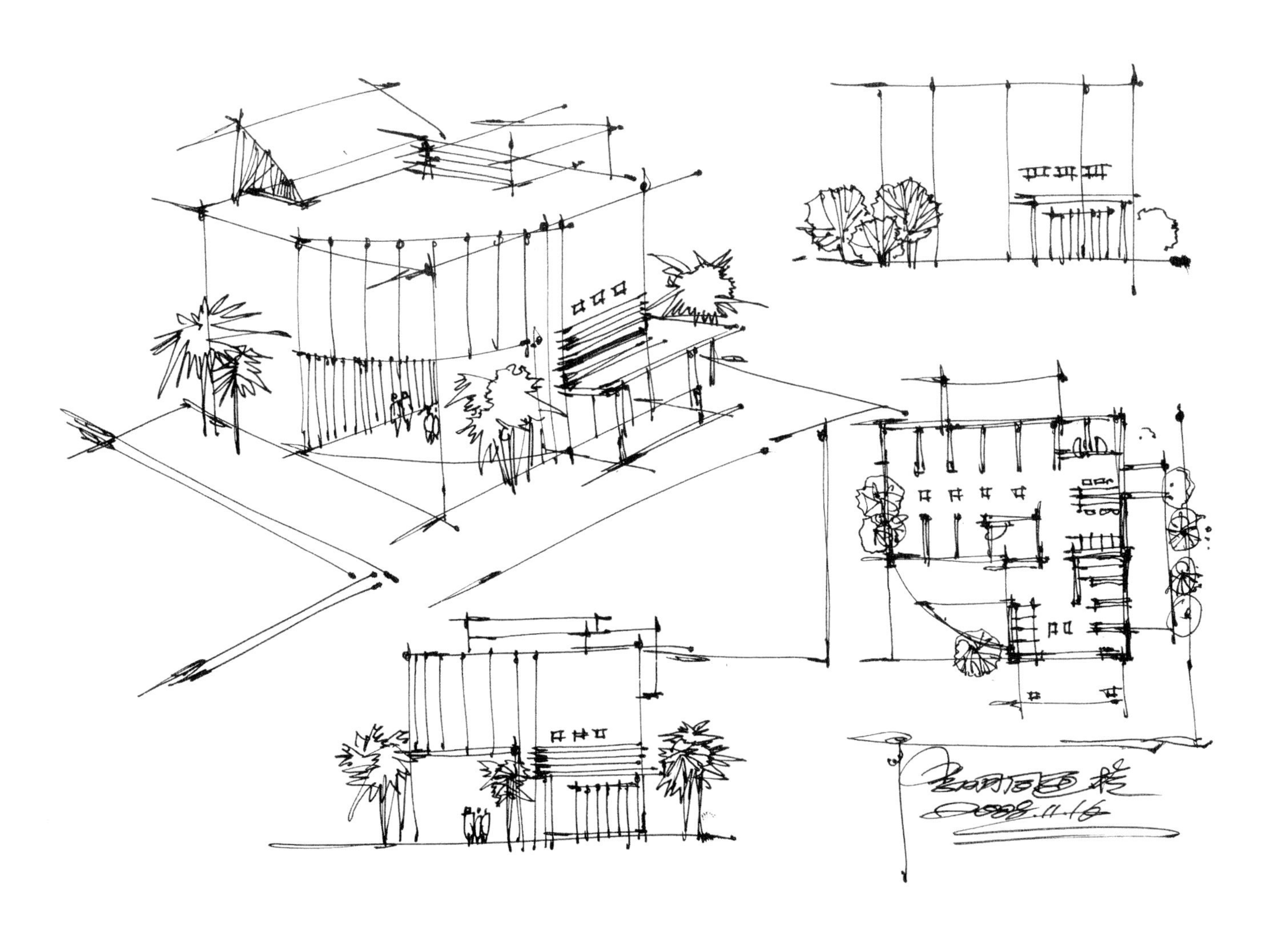

总平面图、立面图、剖面图，留下了许多如金字塔、宫殿、庙宇、方尖碑等建筑，这都是建筑表现手绘所传达出的视觉信息。

在建筑表现手绘实施的过程中通常要充分运用建筑的构思速写手绘，构思手绘能够准确、快速、直观地表现出设计方案的雏形和设计理念，在构思手绘的基础上再进一步推敲、研究、最终确定方案的基本构思。然后再运用表现手绘的形式进行具体的、理性的、规范的、严谨的绘制，使一个方案清晰、准确、完整地表现在绘图纸上。但这个图纸上表现的整体是不能仅凭借一幅优秀完整的构思手绘就能完成的。与其说表现手绘是构思手绘的进一步的深化，不如说是构思手绘设计最终的体现。所以在完成建筑主体的构思前提下，能够根据需要进行一些修正、完善和添加，起到丰富设计主题，使表现更加完整、生动的作用。

景观设计构思表现效果图

第三节　艺术观念

在很长时间里，我尝试过使用多种工具的表现形式，但是用钢笔来表现建筑与环境是我认为最得心应手的。我喜欢中国画，中国画讲究用笔、用线，讲究气韵、笔墨以及对物象的多种表现形式，山、石、树、建筑等各种物象墨色，皴法，用笔，使我受益匪浅。特别是美工笔，它的中锋、侧锋、逆锋用笔更像中国画的毛笔，抑扬顿挫，富有变化。

从艺术观念上讲速写，我倾向于白描，倾向于用线的表现形式，用线的疏密来组织画面，给我的影响最深的是美国当代版画家哈伯劳克的钢笔风景画，以线的疏密排列交叉，并结合点的画法，描绘了落叶后树林景象。

有的学者认为，线条排列细密的钢笔画不适宜现场描绘，而应该在工作室完成，我认为并非如此，手绘最为有趣的是现场写生、现场提炼、现场感受。此类作品能够受现场空间环境的感染，激发自己的灵感，用笔往往灵活多变，气韵生动，是照片描摹所无法比拟的。

从艺术的角度出发，无论是精细描绘，还是概括性表现都是很有价值的，对于初学者，特别是学习建筑、艺术设计专业的，我还是主张能够多画一些精细的作品，写实的作品，具备了精细描绘的能力之后再作概括性的表现，才会获得扎实的根基。一个学习建筑艺术设计的学生，如果画不好写生，也就是说，不能把自己看到的美的物象和现场感受，用自己喜爱的表现方式准确、生动地反映出来，他的设计和手绘能力必然要大打折扣。

传统画论中的“师法自然”、“道法自然”确实很有道理，自然界的一切就像真的经过一位造物主安排一样，是那么丰富，那么和谐。在自然界面前作为个人是渺小的，特别是作为一位美术工作者来说，以自然为师是天经地义的。带学生外出写生是我最得意的事，尤其是到偏僻的乡村。在那里，我深深感到自然风景之优美，天地之辽阔。

重庆酉阳龚滩

6
第六章　作品赏析

第六章 作品赏析

第一节 国外建筑

城市建筑多是规整的几何块状形体，高层建筑成为现代城市的主流。城市里的古老建筑则成了现代大都市里一道亮丽的风景线，这些建筑由于历史久远且代表着当时的社会文化，很值得我们去描绘、研究和保护。

国外城市建筑对学建筑、艺术设计、城市规划专业的同学来说是必不可少的一个重要学习内容。尤其是古老的传统的欧式建筑更值得我们去研习，要想画好国外城市建筑速写，就必须要了解城市建筑的结构、特点和历史文脉。欧式风格强调以华丽的装饰、浓烈的色彩、精美的造型达到雍容华贵的装饰效果。主要类型有古罗马建筑、罗曼建筑、巴洛克建筑、哥特式建筑、法国古典主义建筑等，这些都是欧式建筑的典型标志。写生前要对每种类型建筑风格的特点进行简单的了解再去画。比如罗曼建筑的典型特征是罗曼建筑墙体巨大而厚实，窗口窄小，在较大的内部空间造成阴暗神秘气氛，墙面设有连列小拱券，门洞口采用多层同心的小圆拱券的设计形式，以减少建筑的沉重感等。只有掌握了解了建筑的特点，在描绘时才能注意这些结构与节点，才能达到建筑速写的目的。

现代建筑看起来简单，但由于不同性质的建筑物的立面造型变化各异，显得非常烦琐或呆板。因此在表现现代建筑时，一定要选择有特点、有动感、有生命力、有历史文脉的建筑物作为写生对象。现代建筑的表现在用线时，要追求线条的流畅性，追求线条的节奏和韵律，不可过于死板、机械地去画一些建筑的轮廓，要选择一些动感强的车辆、行人以及树木作为建筑主体点缀，以增加城市的空间气氛。

总之，不管是欧式建筑还是现代建筑，因其体量庞大，在作画时一定要注意透视关系。尤其是描绘建筑群，如果有一处透视规律不正确，就会影响整幅作品效果。

澳大利亚悉尼爱情港

澳大利亚悉尼爱情港

澳大利亚悉尼古建筑

▲前面曾经讲过〝画面的节奏对比是建立在线条的疏密对比、粗细对比、刚柔对比的基础上。画面所形成线的整体韵味和节奏，是画家对物象的深入理解，对线条的娴熟运用，以及修养达到一定程度的体现〞。这幅作品运用美工笔完成，用笔洒脱，线条生动，柔中带刚，尽显张力。

澳大利亚悉尼爱情港

►现代建筑的线条外形看似简洁，但由于建筑立面的窗户很多，显得非常烦琐，在处理这样的场景时，要追求线条的流畅性，要画出节奏感和韵味来，不需要追求绝对的直线，感觉直就可以了。

澳大利亚悉尼街景

MAKE
POVERTY
HISTORY
MAKE
POVERTY
HISTORY
com.au
melbourne
mall

澳大利亚墨尔本街景

澳大利亚墨尔本街景

澳大利亚墨尔本街景

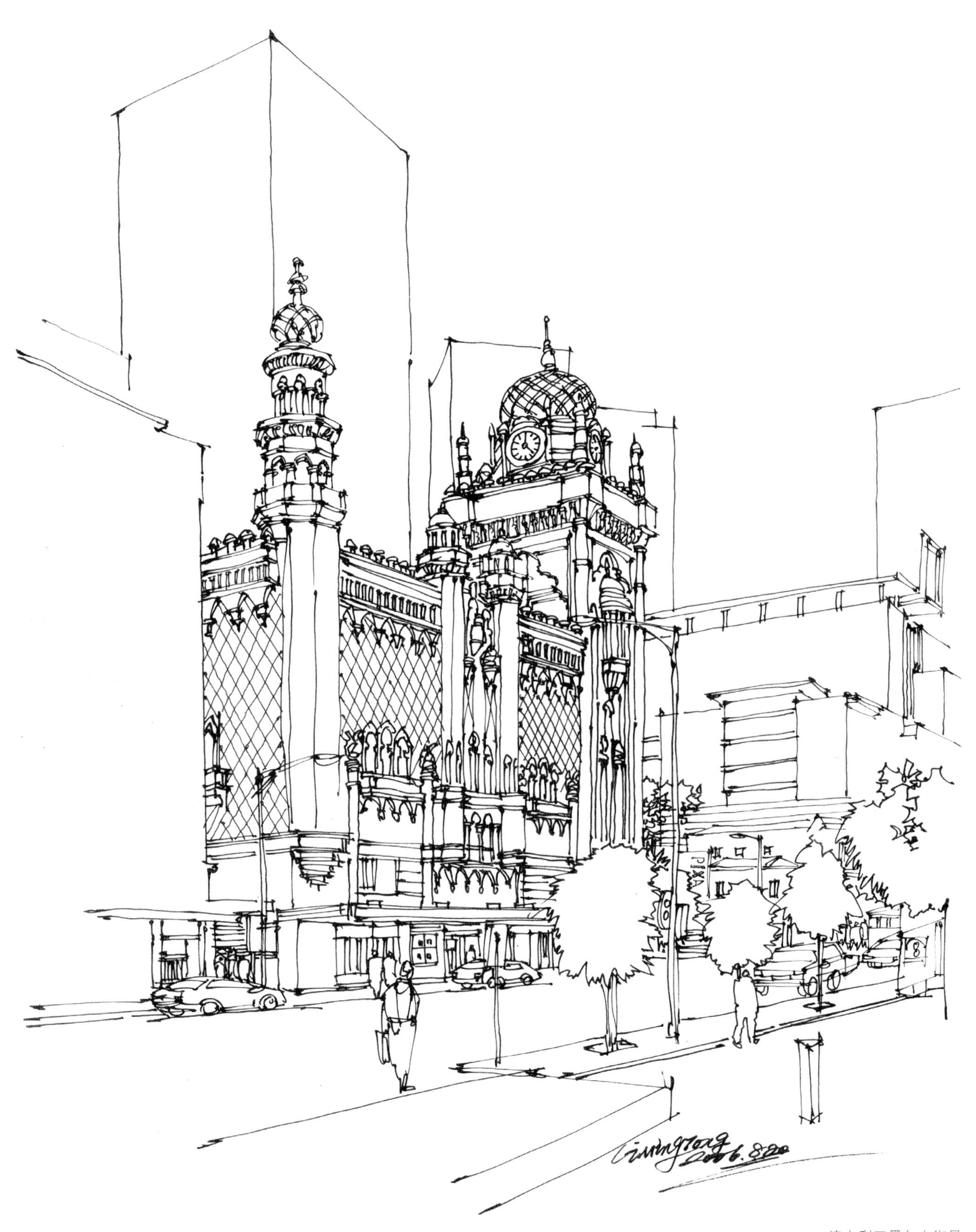

澳大利亚墨尔本街景

澳大利亚墨尔本火车站

▲这幅速写画的是澳大利亚墨尔本火车站，写生时要选取合适的角度，要注意取景与构图，由于场景中是城市主干路，人与车辆来回穿梭，所以此场景描绘有一定的难度，写生时考虑建筑与周围环境的关系，尤其是人群与车辆，要有选择地画，要寻找对画有力的因素，用笔疏密有致，互相衬托以突出中景的建筑主题。

国外建筑小景

▲这是一幅欧式风格的建筑速写，建筑物的高大、雄伟、庄重显得很有气势。画这一类速写对用线要求很高，多采用中性笔、美工笔、普通钢笔为宜，下笔要果断有力，运笔速度相对较快，这就要求作者要有较强的造型能力，方能运笔自如。

澳大利亚悉尼街景

澳大利亚悉尼街景

德国柏林勃兰登堡菩提大街街景　黄力炯

第二节　国内建筑

一、城市建筑

山东青岛街景

大连城市建筑

上海外滩

上海老城区

二、乡村建筑

北方乡村建筑

我国历史悠久，疆域辽阔，自然环境多种多样，在漫长的历史发展过程中，逐步形成了各地不同的民居建筑形式，这种传统的民居建筑深深地打上了地理环境的烙印，生动地反映了人与自然的关系。

在北方黄河上游，如陕西、甘肃、河南、山西等地，居民多是窑洞形式。这种营造方式具有防火、防噪音、冬暖夏凉、节省土地、经济省工的特点，将自然图景和生活图景有机结合，是因地制宜的完美建筑形式，渗透着人们对黄土地的热爱和眷恋。蒙古包是内蒙古地区典型的帐幕式住宅，以毡包最多见。内蒙古温带草原的牧民，由于游牧生活的需要，以易于拆卸迁徙的毡包为住所。山东胶东丘陵一带民居建筑形式类似，单门独院，有门楼，两面坡屋顶。由于山高石料普遍，依照传统上建筑材料就地取材原则，故砖石住宅较多。除此之外，还有以北京为代表的四合院，是中华传统文化的载体，蕴涵着深刻的文化内涵。北京四合院亲切宁静，庭院尺度合宜，庭院方正，利于冬季多纳阳光，是十分理想的室外生活空间。

我生活在北方，深爱着北方的乡村景象，那破落的老院颓墙，古槐老树，枯枝新芽，小径荒草，溪流泉水，自然和谐；原始的石墙、草垛、枯枝，在远山、田野、村庄背景的衬托下让人琢磨不定；暮色中的群山，层层叠叠，老树上枝丫间的鸟巢高悬天空；户户炊烟袅袅，落日余晖渐暗让人仿佛感受到山村的人们在辛劳一天后的喜悦。每当看到这一幕幕，我的内心就激动不已，强烈地想要把这种感受快速地记录在速写本上。

沂蒙小景

泰山麻塔

山村小景

▲在画家眼里，山村最美的季节就是入冬前和开春季节，这个季节更能体现山村特有的艺术魅力。房前的院子、木栅栏、草垛、还有那一分自留地，这些都是山村最具代表性的生活写照，包含了几代劳动人民艰辛、朴实的生活故事。

泰山麻塔

泰山麻塔

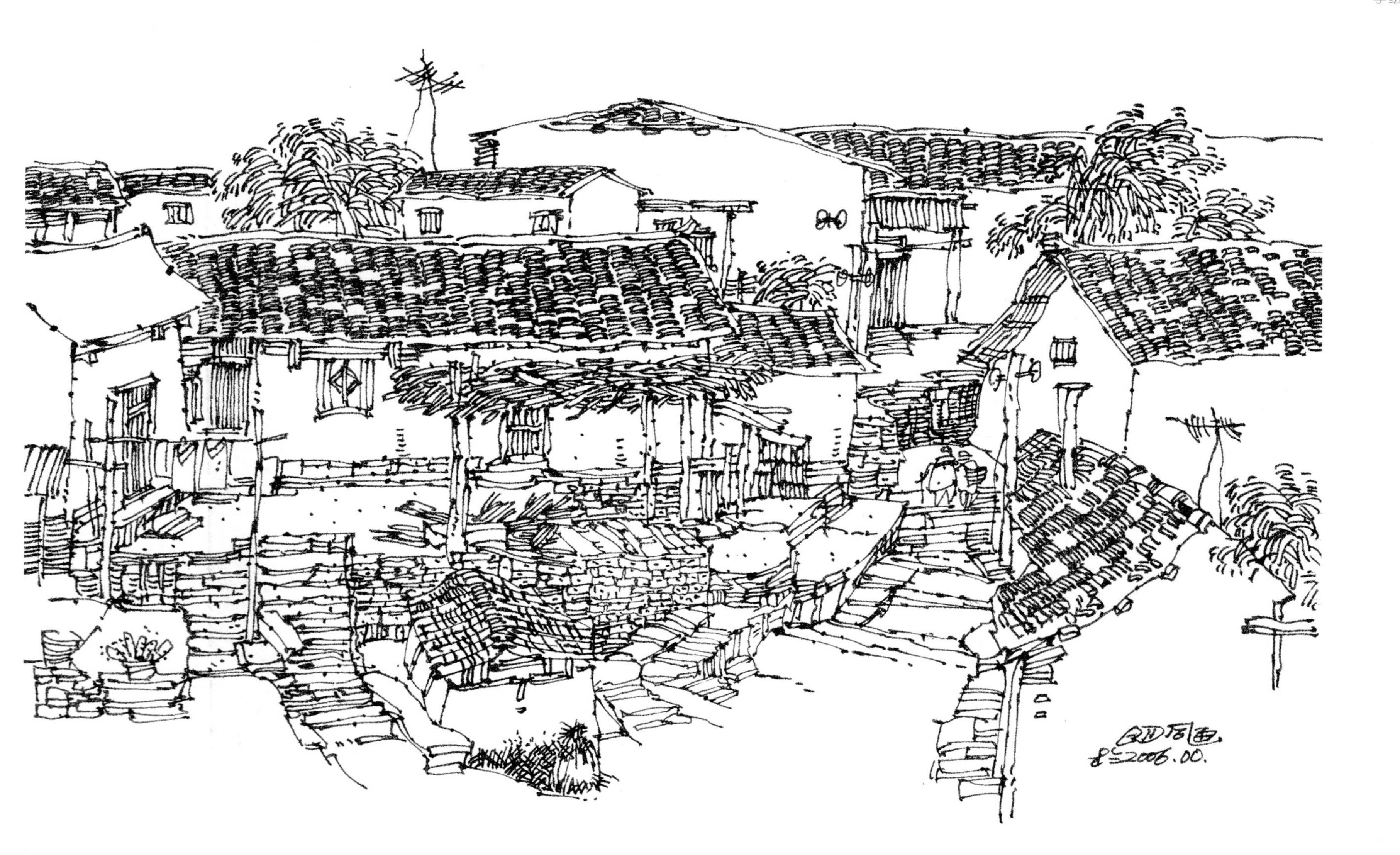

▲在本书中谈得最多的是线条的表现力，讲究线条的疏密、线条的长短、线条的节奏，画面中要有疏密关系，然而在画速写时，如果线条画得太密或太疏，都不利于主次空间的表现。若从画面和空间的需要来组织，对线的疏密进行取舍、添加、这样才能掌握疏密，才能灵活运用疏密。这幅作品就是在线条疏密对比的基础上，充分发挥线条的表现力，运用中国画的用笔方法，使画面生动有趣，空间感强，再现了实际场景。

山西民居

▲写实建筑速写有区别于其他艺术的地方，它体现在对传统艺术绘画语言的熟练掌握，素描基础必须扎实。这批写实建筑钢笔画作品中，我们能发现对中西艺术的有效运用。作品多采用明暗光影的画法，这种表现形式再现实际场景，画面对比强列，形体更加突出，具有强烈的视觉效果。

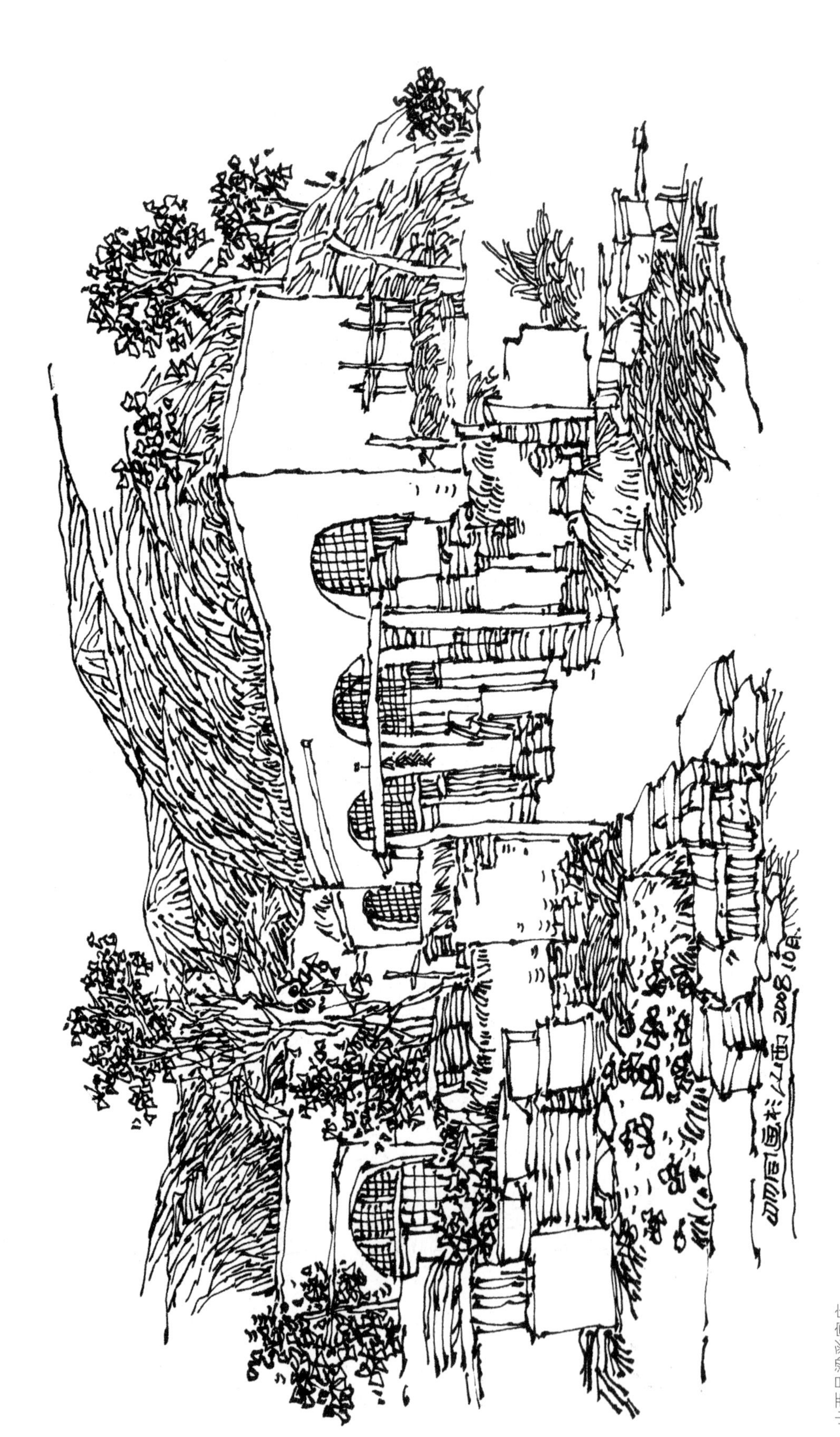

山西吕梁彩家庄

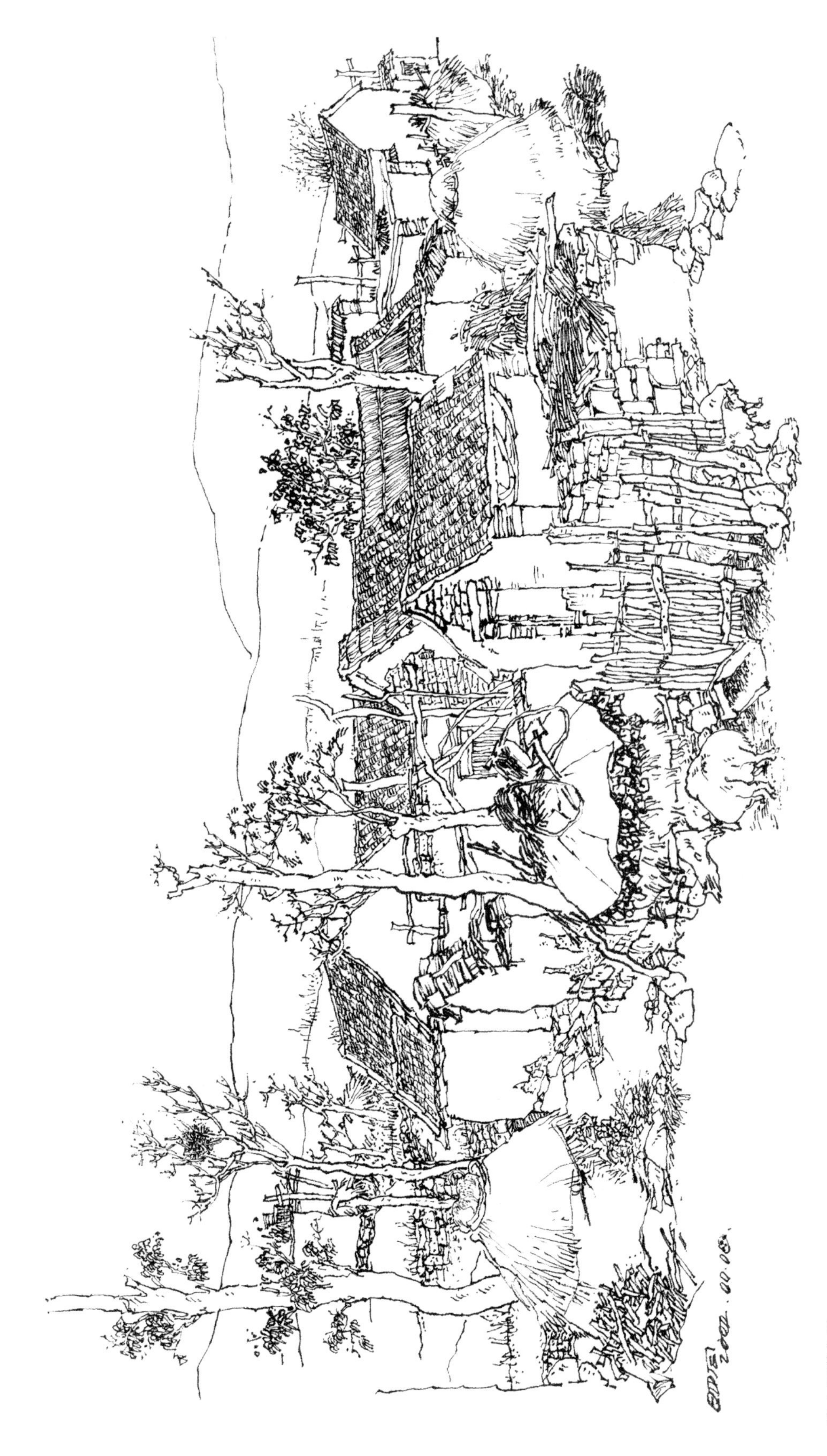

泰山麻塔小景

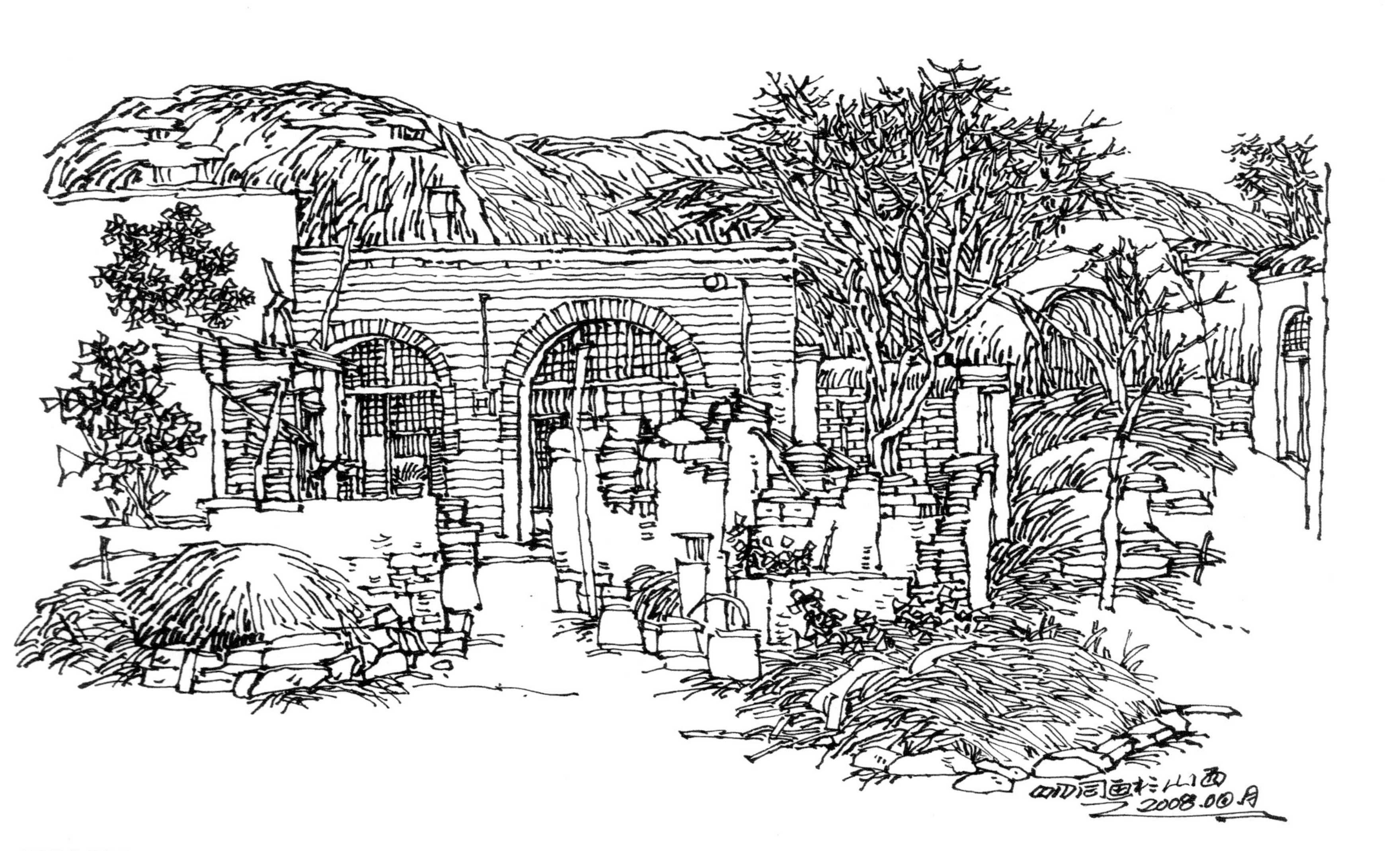

山西吕梁彩家庄

陕西民居

泰山麻塔小景

▲以田园诗般的笔调描绘的这组深秋乡村景象，画面轻松自然、线条韵律优美，有强有弱，有虚有实，造型严谨，将北方的乡村气息表现得淋漓尽致。

泰山麻塔小景

▲泰山麻塔这个小山村拥有上百年的历史，它最美的一面仍旧保持着中国古老农村的特点。黑色的瓦房、木格窗、泥土墙、栅栏门、成捆的黑树枝。这几种元素组合在一起，黑白对比强烈，杂乱中透着淳朴。这样的场景写生时最好使用美工笔，线条粗放有力，能很好地表现实际场景。这幅作品最大的难点是场景中的树，北方的乡村到了冬天，枯枝繁多，很难绘制，这就要求写生时要把握树的生长特点，把树枝的前后关系表现出来。

陕西民居

▲窑洞式住宅是陕北甚至整个黄土高原地区较为普遍的民居形式。分为靠崖窑、地坑窑和砖石窑等。靠崖窑是在黄土垂直画面上开凿的小窑，常数洞相连或上下数层；地坑窑是在土层中挖掘深坑造成人工崖面，再在其上开挖窑洞；砖石窑是在地面上用砖、石或土坯建造一层或两层的拱券式房屋。这幅速写描绘的民居就是陕北砖石窑，房屋已废弃倒塌，但还是能看到原来的建造法式。

山西民居

山西民居

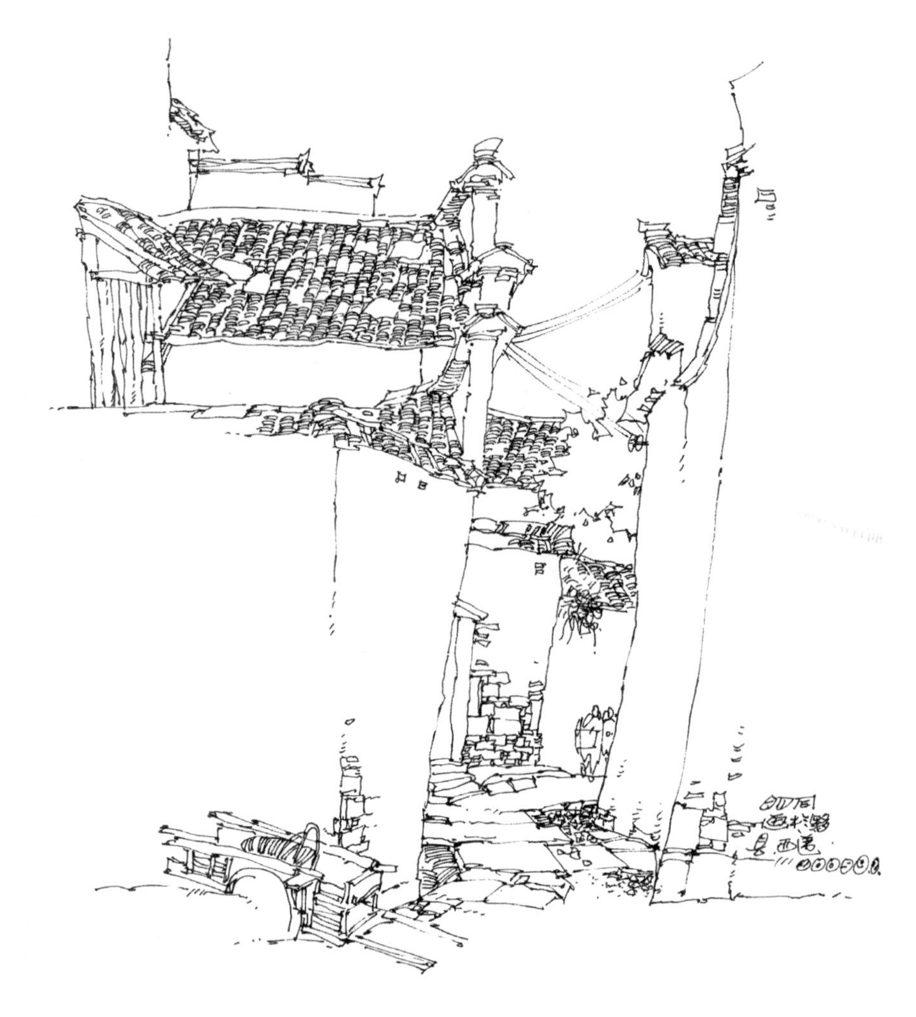

南方乡村建筑

列入世界文化遗产名录的中国皖南古村落——西递、宏村、屏山、南屏、李坑、思溪、彩虹桥等地，坐落于安徽、江西境内，境内自然景观秀美，人文景观丰富，民居建筑有着独具的特点。

徽派建筑的特色主要体现在村落民居、祠堂庙宇、牌坊和园林等建筑实体中。其风格最为鲜明的是建筑外形全部是粉墙、青瓦，黑白相间，错落有致。远远望去，较大的村落往往是绿树丛中灰白的一片，这种灰白的色彩在绿水青山的映衬下，会产生一种祥和宁静的效果。而且这种单色色彩的构成往往体现了更多层次的审美内容。从屋外到屋内，从地面到屋顶，集砖雕、木雕、石雕、彩绘于一体，简直可以称之为一件完整的工艺精品。其牌坊、马头墙、宗祠书院、门拱梁柱、私家园林，无一不浸透着历史、科技、艺术和文化的内涵。

徽州村落的选址大多严格遵循中国传统风水规则，山水环抱，山明水秀，追求理想的人居环境和山水意境，被誉为“中国画里的乡村”。

几百年后的今天，经过长期的日晒、风吹、雨淋，墙面上的白粉早已掉落，从而出现一种冷暖相交的多层复色。尽管它失去了白色的明朗、单纯，却因此产生了一种厚重的历史感。

置身于这些古村落中，如同徘徊在久远的中国历史文化长廊。西递、宏村、李坑正是这些迷人的古村落的杰出代表。

正是因为这些，才吸引着我数次带学生前去写生，把生活所感、所悟、所想通过速写的形式去描绘、去创作、去记录那持久的、永恒的文化建筑。

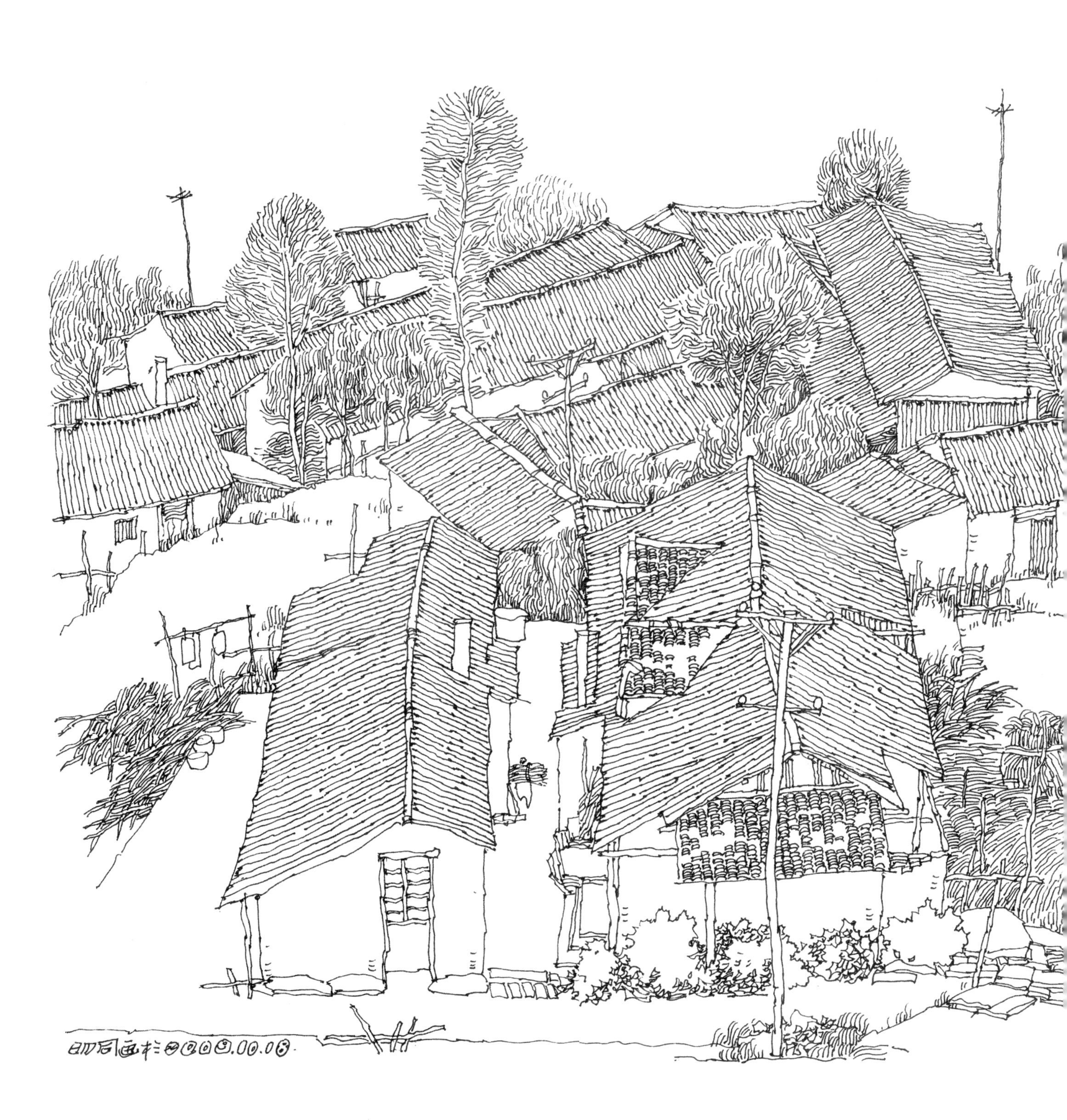

湖南凤凰沱江镇

▲这幅作品表现复杂空间层次。用线的长、短、疏、密和线组织的黑白综合手法，表现了古镇的古朴。很有情调，也有地域特点。画时要注意画面的构图，建筑屋面的高低错落，黑白块的大小组织，建筑结构的形态特征，黑、白、灰的处理可以产生强烈的视觉效果。

江西婺源思溪村

▲婺源位于江西省东北部，有着深厚的文化底蕴，自古以来文风昌盛，教育发达，被誉为"书乡"。婺源县因当地的"婺水之源"而得名婺源，隶属安徽歙县，1949年5月后划归江西省，建筑装饰与社会生活习俗具有典型的徽派特点。累溪村位于婺源县的中部，背山面水，房屋群落与自然巧妙结合，山水互为点缀，如诗如画，意境深远，图中这幅速写就是描绘江西婺源思溪村一沿河小景，画面构图完整，黑白对比分明，线条灵活多变，节奏感强。

江西婺源李坑

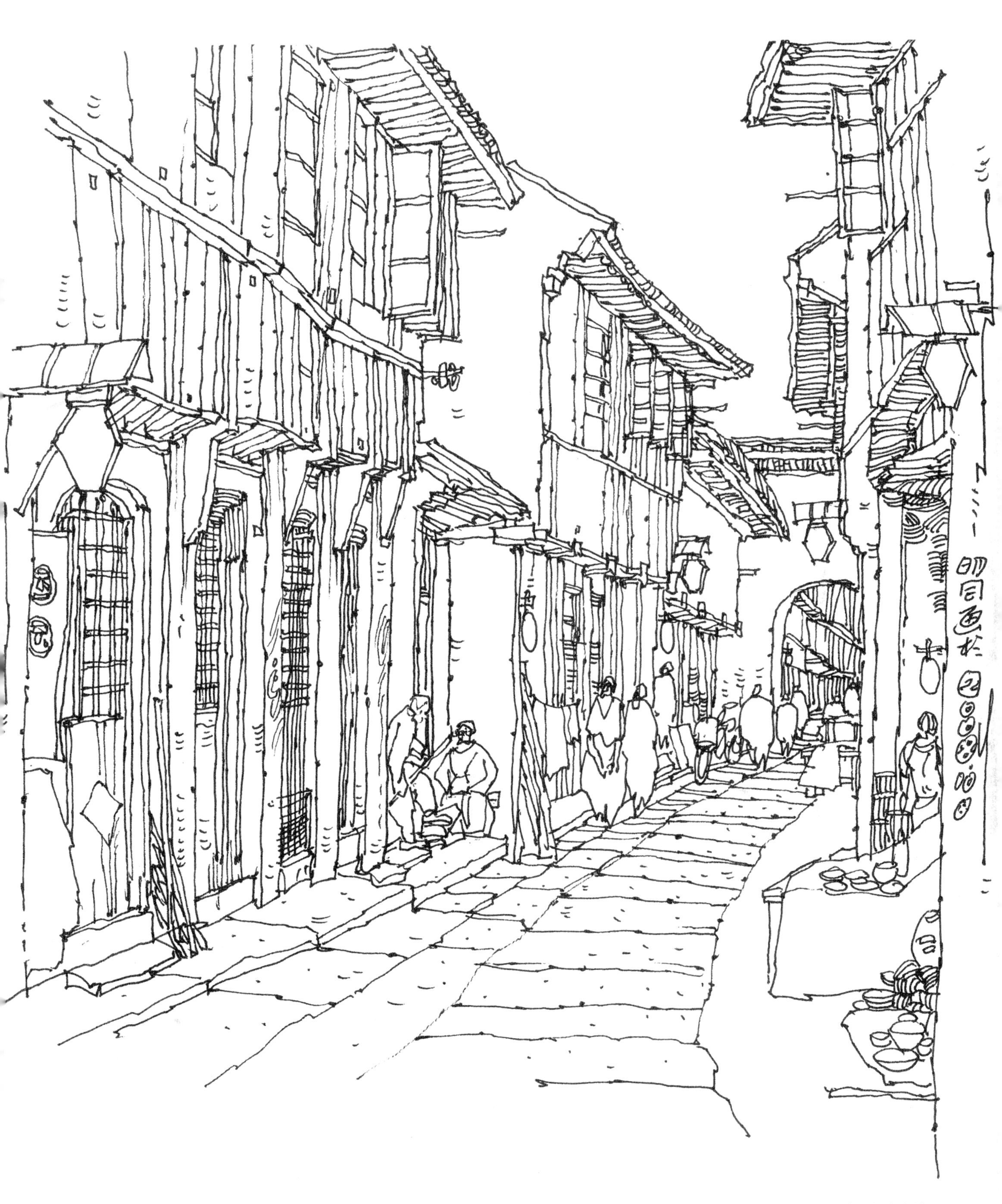

浙江桐乡乌镇

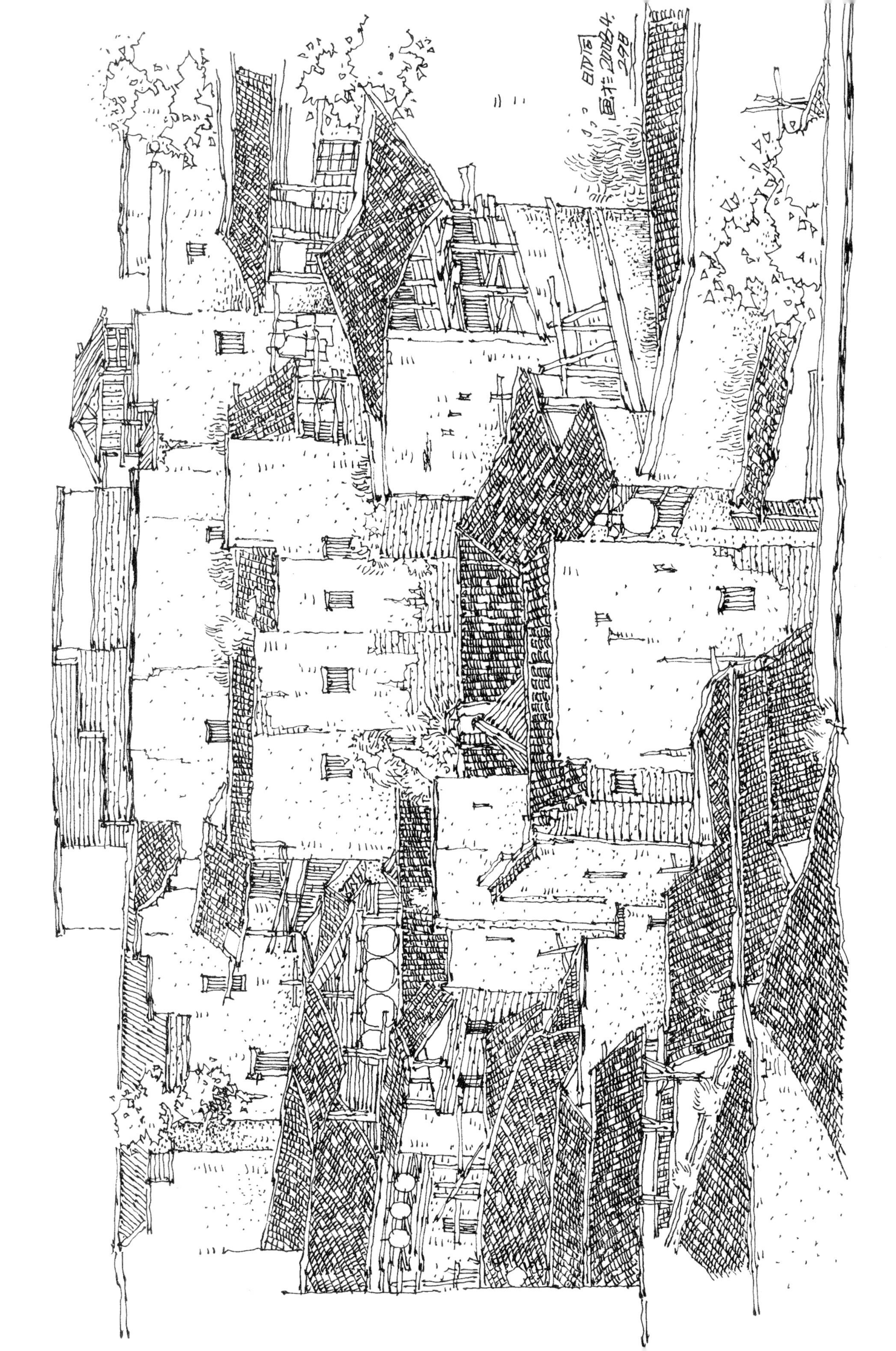

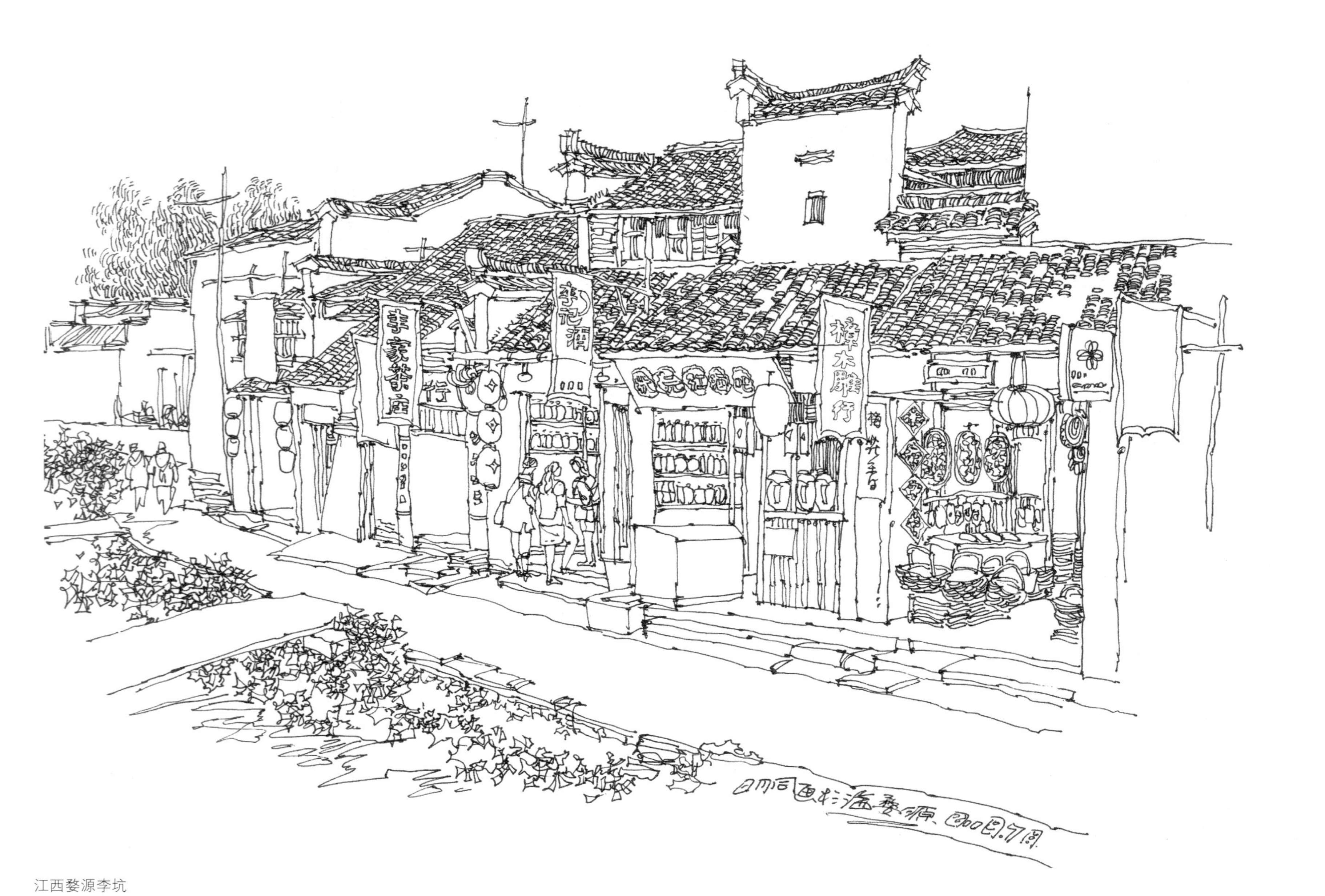

江西婺源李坑

▲李坑是江西婺源县保存最完好的千年古村落，建村于北宋，李坑四面群山环抱，山清水秀，风光旖旎。村外两条山溪在村中汇合成一条小河，河岸两边古建筑保留完好，河上有石、木桥数十座，粉墙黛瓦，与水色融为一体，构筑了一幅”小桥、流水、人家“的美丽画卷。

江西婺源李坑

浙江桐乡乌镇

▲这幅作品是用针管笔绘制而成，平行排列的线条可以表现建筑的体积感，而线条的方向则是要格外注意，即要有统一性。为了突出建筑结构要重视光影的表现方法，要掌握光的作用下物体的高光、中间色、明暗交界线、反光、投影之间的黑、白、灰的处理，要抓住主要光源，分清受光面与背光面，再以自然变化的规律去加以刻化，画面响亮，主题鲜明，黑、白、灰的关系和谐统一。